敏感度領導

疏離世代工作者
必備的決勝關鍵

賴婷婷 著

目次

CONTENTS

Part 2 對人的敏感度

「聽不見音樂的人都認為跳舞的人瘋了。」——尼采

Part 3

對事的敏感度

「什麼叫瘋子？一遍又一遍地重複同一件事，卻期待會有不同結果。」——愛因斯坦

各界讚譽

■區塊鏈敏感度專家 **李玄**／Blocto共同創辦人暨執行長

我是一個電資男，大學主修電機，研究所主修資工。就像大多數電資背景的創業者一樣，我在學校和創業前的職涯裡，大多數的時間都在跟電腦互動。電腦沒有情緒，一切的行為都可以預測，你餵給它什麼輸入、它就吐給你什麼輸出。但是，作為帶人主管或公司老闆，你勢必要處理很多「人」的事情。如何探知對方的情緒、信念和需求，如何引導、激勵對方，進而建立起理想的團隊互動方式和公司文化，這是我必須持續修煉的課題。

這本書是Tracy老師多年管理經驗的濃縮，幫助我更了解自己，也更了解如何領導公司裡的夥伴。相信也能幫助到你。

■人際敏感度專家　**李家雯**／諮商心理師

「敏感度」是什麼？敏感，其實是在人際互動中，能對「自己」，對「他人」，與對「環境」有足夠的覺察和認識，洞悉三種視野。於是，有效能的「領導」不能再是「主管說，部屬做」而已，而是得立足於團隊脈絡，把握「你、我、他」三個不同層次的需求，平衡三方，合作共好。

這也是本書作者婷婷想告訴大家的，要做到有效「領導」，就得成為健康的高敏人：

- 對「自己」夠敏感：有足夠的覺察，明白自我內在需求；
- 對團隊裡的「他人」夠敏感：清晰地理解，明白人的心理界限；
- 最後，敏感地關照「環境」：清楚區分眼前事情的priority（優先順序），把握整體平衡。

於是，好的領導，得從「夠敏感」開始。

這絕對是身處疏離世代工作的我們必備的功課！這項技能不只適用於職場，在家庭經營裡，人際互動上，也絕對通用。我深信，人與人相處，是永恆的合作關係，需要在互動中不停修正，尋找動態平衡。

老子說：「知人者智，自知者明。」要知人並自知，或許起初並不容易，但人生不是沒有辦法，而是還找不到辦法。這本書，絕對是一本不容錯過的好書，它能幫助你找到自我專屬的辦法，讓人人都有機會成為絕佳的「高敏領導人」。

■味覺敏感度專家 **吳幸容、高永誠**／珍煮丹創辦人

二〇二二年疫情期間，面對大批的公司人事異動與各種組織痛點，是我們內部最痛苦的階段，此時遇見了真誠爽朗的Tracy，像是在黑暗中看見了一道明亮的光，使我們充滿著對改革後的期待與希望。

Tracy陪伴協助我們公司發展的過程裡，不只教會了我們許多工具、企業觀念與方法，也擔任我們夫妻倆的教練，讓有著多重身分的我們受益良多。

《敏感度領導》除了有教練技巧外，還有領導與管理所需要的心法與工具，Tracy用貼近生活的經歷來引導，讓人能快速地融會貫通並在日常中運用，有效地使結果發生。

非常推薦此本好書，Tracy已將許多的精髓要領呈現在書中，相信讀完此書的你，必定有滿滿的收穫。

■內容敏感度專家　**林政漢**／再睡5分鐘共同創辦人

Tracy以豐富的經驗和洞察力，呈現出獨特的學習旅程，將幫助你成為更敏銳且體貼的領導者，也將帶領你深入探索敏感度領導的核心價值和實踐方法。

過去的我可能會被稱為「鋼鐵直男」，完全忽視他人的感受，然而，創業的過程讓我意識到，忽視他人的情緒將對團隊合作和組織效能帶來負面影響。本書讓我深思自己的領導方式，並意識到敏感度對於建立健康積極的工作環境是至關重要的。Tracy的企業內訓扎實地幫助了我們建立團隊，並引導我們了解自己的敏感度水平，也提供具體的策略和技巧，以提高我們在團隊互動中的敏感度。這是一場豐富而有趣的學習之旅。

我相信Tracy無私的分享，將讓你從中獲得寶貴的洞察和成長。無論你是正在成為領導者的路上，還是已經在領導職位上，本書都將成為你的指南，幫助你在領導旅程中更加出色。讓我們一起學習，開拓自己的敏感度領導，創造一個充滿尊重、溝通和共融的工作環境。祝您閱讀愉快，收穫豐富！

■人才敏感度專家 **徐慧郁**／H&L智理管理顧問創辦人

我與Tracy相識超過二十年，我們曾為同事，相識在需要超高敏感度的高階獵頭服務產業，如今她走進企業輔導及教練領域，將自己受用的成功心得寫成書，幫助更多的人開啟智慧，也和更多的人擦撞出心靈火花，而我正是其中一位。

我很喜歡本書破題的熱情與信仰：敏感度領導，有練就有。我更喜歡Tracy於本書提出的鍛鍊敏感度領導的架構和方法，因為她不僅僅是有願景與信仰，還告訴我們可以怎麼做到。我創立的公司是她的客戶，我個人是她的書迷，我認同也願意實踐她用一切方式所分享和教導的觀念及工具。事實上，我認為人人都很適合讀這本書，因為書裡的觀念和工具，在我們的人生中處處皆受用，真的是開卷有益。

能有機會為她的新書《敏感度領導》寫推薦文，並不在我的預期內，然而Tracy相信我的文字會有力量，我就相信自己。這份相信，是她除了持續寫書之外，帶給此刻仍在學習領導自己與他人的我，最棒的禮物。這份她相信所有人只要願意就能變得更好的信仰，會帶著她及我們都更好！衷心期待與她在未來有更多心靈交會的美麗時光。

■課程敏感度專家　**游弘宇**／知識衛星創辦人

知識衛星線上課程公司很榮幸能與Tracy教練於二〇二二年合作「複利領導——決策X教練X激勵」線上課程，在過程中深刻感受到Tracy的專業以及對於幫助各類型企業成長的熱情與努力。

這次也很榮幸能夠推薦Tracy的新書《敏感度領導》，在現今快節奏的科技社會，領導者需要敏銳的敏感度去帶領各種世代的夥伴，在我們這種新創公司尤其如此。

作為「知識衛星」的創辦人，我有幸能領導一個超過六十位年輕世代的團隊，同時在這個多元課程業務與高壓競爭的服務環境中尋求平衡。

這本書的內容對我來說是一個啟示，讓我了解到敏感度並非僅止於對人或事物的觸覺敏銳，它涵蓋了更多元的面向，包括對自己、對他人，以及對環境的深入感知。

Tracy透過深度的思考與豐富的例證，讓我們看見這種「敏感度」如何轉化為領導力，並形塑出高效的團隊。書中所提出的「敏感度領導矩陣」更是令人留下深刻的印象，有助於管理者思考不同特質的人該如何發揮自我，以及如何與他人進行有效的互動。在日常的領導中，幫助每位團隊夥伴找到適合自己的位置，並且以自身擅長的方式對團隊做出貢獻。

無論你是正在追尋自我，希望更了解自己，或是正在領導團隊，希望提升領導力，或者是想要更深入理解他人，這本書都能帶給你深入的洞見。

特別是在我們這樣的新創環境，瞬息萬變的情勢下，敏感度不再是選擇，而是必要。期待更多人能透過 Tracy 的著作一起獲得收穫。

■ 邏輯敏感度專家　**裘以嘉**／豐趣科技創辦人

原以為是本談領導管理的書，但讀著讀著我居然眼眶泛淚了，作者內在世界的豐富與纖細，於文字流轉間深深觸動到我。Tracy 是我敬佩又極喜愛的好友，剛認識她時，就不由自主被她的真誠、燦爛、滿滿能量所吸引。書中提到安德里亞．德沃金（Andrea Dworkin）所寫的「太陽般的女子」，就是我送給她的詩句，也正是我眼前這位閃閃發光、但又願意臣服擁抱內在陰影的女子。

她對藝術和文字的喜好，加上長期在領導管理、心理學、教練力等跨領域所累積的大量學習，內化成為她在專業上的底蘊，對語言文字擁有極高的感知能力，對個案問題的切入亦十分精準。她常笑說自己是工具人，但在我眼中，她就是有辦法將模糊的質化概念用清晰邏輯展開成易懂的思維架構，而這本《敏感度領導》再次驗證了此事。我曾認為「讀空氣」是天賦，很難學習，但看完這本書後，我應該要修正這個觀點了，原來有架構和工具方法就不難。

我是很重邏輯思維的人，每每和Tracy對話時，除了被她的爽朗笑容所媚惑，也總是會被她破題的能力、一針見血的犀利，以及不帶批判的清透所震撼。這本書將她淬鍊出對自己、對人、對事的敏感度養成經驗，用一段段生動故事展開，引導讀者依著篇章架構出個人專屬的敏感度領導學習之旅。

衷心向各位推薦這本關於職場與人生的必讀好書。

■情境敏感度專家　**鄭杰榆**／國際教練聯盟台灣總會前理事長、國際教練聯盟Mentor Coach

如果看過Tracy第一本暢銷書《複利領導》，你會很清楚讀Tracy的書就像是在聽她說話；滿滿見字如晤的感覺，而這一本也不例外。

這一本更加超值，有更多精采的故事與實用的工具；對於那些喜歡從經驗中學習的讀者，書裡有Tracy精采的人生故事，時而讓你跟著她一起在低潮中反思，時而又讓你為她勇敢探索自己的極限而拍手。對於那些喜歡工具的讀者，本書從感性（人）與理性（事）出發，總共有敏感度矩陣、自我探索地圖、成長總結模式、生命圖、未來誓約、從反應到回應的練習、平衡回饋法、我訊息、SARA管理、風險矩陣等等十大工具（我可能還少算了）。

這樣的鋪排，我覺得就是一種敏感度的展現：能夠兼顧不同學習方式的讀者需求。

這也是一本很有生命力的書，因為Tracy教練親身實踐「你給不出自己所沒有體驗過、真心相信的感受、觀點與使命感」。因此，我非常欣賞她提到「賦能的使命感」，而且首先要為自己賦能，因為「你若自帶光芒，周圍就會被你照亮」。

對我來說，敏感度就像你自帶的光芒；這個光芒目前照射的範圍有多廣，反映了你的敏感度有多高。當然，這個光照範圍是會變化的；這也是為什麼Tracy教練在書裡分享了許多自己如何鍛鍊敏感度的故事。我印象最深刻的故事就是Part 1〈知道自己在乎什麼〉裡猩猩的故事，相信你看了也會恍然大悟：當你真心想要看到自己改變的成果，原來「覺察並調整自己的模式」就是唯一且必然會獲得效果的方式，也是未來最需要的競爭力。

我眼中的Tracy是一個時時刻刻很有意識鍛鍊自己的心智、具備自我升級能力的靈魂；當我讀到她請大家在提升敏感度的過程中「別急」時，我忍不住微笑了。十年前，我認識的渴望行動與「很急」的Tracy，將自己升級到了目前內心了然明白（而不只是頭腦知道）「別急」為人生帶來的效能。

一旦你跟Tracy一樣看懂且善用了，那些人生沒有一步白走的路、沒有一個白跌的跤、白入的坑；你的敏感度就升級了、意識層次也提升了，那麼格局與物質豐盛的提升只不過是水到渠成的成果，無須追求。所有知識寓於意識之中，祝福本書的讀者提升意識、擴大覺知範圍。

■數字敏感度專家　**鄭漪茜**／尚諺群佳聯合會計師事務所共同創辦人

如果說《複利領導》是開始練習領導力的入門工具書，我認為《敏感度領導》則是對工作職涯甚至整個人生都有幫助的精華，值得一點一點的細嚼慢嚥。

身為專業人士，我們通常致力於強化自己的專業能力，意即多數的時間會用來專注於培養對專業的敏感度，相較之下，培養專業敏感度的目標比較明確，不需要、也從來沒認真想過關於自我與人生這種比較虛無縹緲的議題。直到開始管理團隊，甚至自己創業帶領團隊時，才發現與人相關的問題並沒有標準答案，而我們所追求的解藥，通常與自我認知有關，這也帶領我踏上認識自己的旅途。Tracy的《敏感度領導》一書很適合作為入門的第一課。沒有對自己的敏感度，便很難培養出對人的敏感度，更常見的是很容易在溝通互動中做出不恰當的反應，傷人也自傷。

我很喜歡Tracy在〈對自己的敏感度〉章節中引用雨果的一句話：「最無聊的人生，是過著日子，卻沒有活著。」開啟與自己的對話後會發現，好好活著體驗每一天，才能找到真正的平衡。

■品味敏感度專家 **顏君庭**／Pinkoi創辦人

Tracy有一種超能力，或者說是魔法，能讓我安心地對她坦誠，透過犀利的提問，觸碰工作上的難題，就如書中提到的「親和但犀利，理性但富有同情心」，Tracy是這樣一位有趣的朋友。

我是一個創業者，回台灣創業時已經是三十多歲的「老創」，小孩出生一個月，帶著太太和行李，告別七年的美國矽谷工作與生活。可是，我並不是從小立志創業的那種人，面對創業的未知與挑戰，甚至會讓我不安且害怕。我用了兩年多的時間重新認識自己，透過和自己對話與試錯，學習對自己的敏感度，知道自己是誰——來自台南中產階級的小孩，總會想做點什麼來解決問題；知道自己會什麼——專業是軟體工程師，喜歡挖掘好設計，理性務實地希望透過寫程式來改變產業；知道自己在乎什麼——創造價值，讓大家值得更獨特的選擇；知道自己想要什麼——在人生終點時，能夠帶著微笑跟自己輕聲地說「you are a good person with a good heart」（你是善良的好人）。

這段自我心靈拷問的過程充滿了很多自我懷疑，諸如「我的積蓄足夠支持家庭、小孩和創業嗎？能撐多久呢？」「放棄矽谷的生活和工作，之後看到同儕有很棒的發展，我不會後悔嗎？」「我遇到失敗時會被擊倒嗎？我會需要多少時間從失敗中再爬起，還是再也爬不起來？」「若失敗，我的B計畫是什麼？」。儘管對於這些問題，我沒有肯定的答案，但我會試著從當下或經驗去模擬、想像和演繹，盡可能客觀地找出機率較高的答案，最後，再多的問題都抵擋不住內心的聲音：「去試試看，自己的答案自己找」；就算失敗了，我仍保有選擇，幫自己做好準備，打好預防針就勇敢出發。

直到現在，我和團隊還在這條創業的路上跌跌撞撞，難免會自我懷疑，而我們的公司文化是鼓勵大家真誠地回饋，我也會主動尋求隊友給我建設性的批評。每當收到隊友的「真實」回饋時，我一定會關注自己、消化回饋的情緒，若發覺有情緒波動，我會讓自己「暫停」和「抽離」，暫停是處理好自己的情緒；抽離是把自己變成第三方，思考隊友為什麼會有這樣的回饋，以及回饋中有價值的資訊是什麼。話雖如此，夜闌人靜時總是忍不住批判自己「做得不夠好、又做錯了」，陷入自我貶低和負面批判的循環。當我察覺到這點時，就會訓練和管理自己、對人、對事的敏感度，我會問自己「如果重來一次，在同樣的資訊下，我會做同樣的決定嗎？」「有沒有哪些資訊是必需的，但卻沒有納入評估？」「決策的過程中，是理性客觀、毫無個人情緒的嗎？」「是否有廣泛地主動聽取與詢求不同意見，以釐清可能的盲點？」，若問心無愧，我就會告訴自己放下，不往心裡去，忠於自身選擇，也面對伴隨而來的後果。

Tracy的《敏感度領導》，從最核心的自己，延伸到對人，落實到對事，跟《禮記・大學》有一致的脈絡：「古之欲明明德於天下者，先治其國。欲治其國者，先齊其家。欲齊其家者，先修其身。欲修其身者，先正其心。」領導從領導自己開始，我們需要在日常中持續練習敏感度，就像Tracy說的「敏感度領導，有練就有」！

■視覺敏感度專家　**羅申駿**／JL DESIGN創辦人

這是從「我，我們，他們」到「他們，我們，我」的領導過程，而適才適性適所，決定了領導者與團隊的距離。

身為一個具備敏感度的領導者，其帶領團隊的視角不再是從自己的角度去看待每個成員的能力與價值，而是從每一個團隊成員出發，從客戶的需求出發。領導者很清楚自己的目標，然後看見團隊裡每一個人不同的狀態，真誠地思考每一個成員面臨的問題、他的需求、他是誰？當領導者試著去了解的時候，就能更加靠近與理解他所帶領的團隊。團隊就像是一幅完整的拼圖，每一塊的形狀大小、延伸的、凹缺的位置都不同，但因為領導者看見了他們的不同，能將他們互相搭配，或是轉個角度放在最合適彼此的位置，組成不可或缺的完整畫面。

設計領域的協作也是這樣的，不同的專業與團隊，有著各自的擅長與不擅長。在合作時，若能轉換成對方的視角，看見他的長處與需要，讓對方能以自在的狀態發揮能力。而不只是追求想要的成果，彰顯個人能力，而將大家組合在一起而已。我相信，換位思考越多，將更有助於建立良好的合作關係。

敏感度領導能力是可以培養的，它是需要多一點設身處地，多一點同理心，多一點觀察，自然就會對團隊中的不同化學作用感到敏感，並能做出反應，帶領大家達成共融的狀態，也能讓團隊一同培養出敏感且包容的心，引領更多人往前邁進。

【前言】

敏感度領導，有練就有

我實在不具備任何看起來會活出什麼精彩生命的條件：

- 比小康再差一點的家庭背景（小時候偶爾得跟人借學費）；
- 很普通的私立大學畢業（會搶最後一排椅子坐的學生）；
- 第一次工作面試時，被要求做人生第一份PowerPoint簡報（大學的資訊課是學DOS，沒聽過吧）；
- 第一份工作是法文口譯，但第一次上場時還得帶著辭典（不敢想像會談雙方看到帶著辭典翻譯的我，會有什麼想法）。

但命運就是這麼神奇地，讓我一步一步摸索出一條路，一條在某些人眼中還算踏實且精彩的路。

如果連我這麼平凡的人都可以，你也可以。當過員工、小主管、部門主管、總經理、集團執行長、創業者、投資者、講師、教練、顧問，我可以勇敢地跟你說，沒有包贏的領導力方程式。那我為何還講這麼多關於領導的心法與技法？我想做的，並不是要你包贏，而是提高你的勝率，或縮短你沉浸在挫折裡的時間。在很多情境中，你理智時都懂；但卡關時、情緒上來時，很容易就把所有學過的事物都拋到九霄雲外。

第一本書《複利領導》推出後，引起超乎預期的熱烈迴響，甚至還有機會推出同名的線上課程，我衷心感謝。有許多朋友或讀者關心，到底該如何把「自己」這個本金顧好，使之足以支撐人生的其他各種面向，隨著時間堆疊，產生持續的滿足感與成就感？因此，我想透過另一本工具書，好好聊聊如何善用心法與做法，使你可以在自己的人生中更加發光發熱。《複利領導》中的主軸「and」與「時間複利」是一切的基礎；任何聽起來很美妙、看起來很厲害的人事物，都是透過一次又一次的選擇與練習，才能打下不會被輕易動搖或破壞的根基。在你願意持續鍛鍊自己的前提下，《複利領導》能引領你產生更有效果的加碼。

現在，本書想談的是「敏感度」。我在獵頭公司的時期，常常聽到客戶想找「有敏感度」的人，才不用增加過多溝通成本；後來，協助許多經理人或創辦人時，也聽到他們期許自己有「對人的敏感度」，才能帶領一幫團隊成員實現願景；有些業務或行銷人員，總是被要求要有「市場敏感度」，才能為公司創造更多的績效。有趣的是，我在搜尋引擎輸入「敏感度」一詞，頭幾個跳出來的字詞都是關於統計學、生物實驗、經濟分析。這個許多領導者的痛點或期許，卻沒有什麼相關資訊可供進一步了解。

以較為直白的方法來描述敏感度層次，大概有三種：先知先覺、後知後覺、不知不覺。我們都想成為第一種人，或至少不是最後一種人，但到底要怎麼思考與進行？本書是以同心圓的方式來詮釋我對敏感度的看法，從內而外的三個圓圈分別為「我、我們、他們」。若你能跟著操練，就能培養出你所需要或想要的敏感度：

- 最中心、也是最基礎的第一個圓，是我們對**自己**的敏感度。我們是否理解自己**擅長**什麼、**喜歡**什麼、**在乎**什麼、想**追求**什麼；
- 同心圓的第二圈，是**我們**。我們能否看見並看懂與我們互動的人的**行為**、**情緒**、**觀點與需求**；
- 同心圓的最外圈，是**他們**。透過建立與掌握對事情的**目標**、**事實**、**資源**、**走向**的共識，使一群人能共同創造與完成一些事情。

我設計了「敏感度領導矩陣」，以定義與表述我對敏感度領導的看法：將縱軸定為覺察與表達力的高低，將橫軸一邊定為對事的興趣、一邊定為對人的興趣，如此可得出四個象限；不同象限的人可以或需要鍛鍊的方向會不太一樣。

A. 對人興趣度較高，覺察與表達力高：這個象限的人，願意看見、也能看懂他人的語言與非語言訊息，而且可以自在如實地表述出來。建議這個象限的人在工作上或生活中要確實掌握一個對話或一件專案的目的與目標，以免因為過度在意要傳達各方意見，而模糊了最重要的焦點。

B. 對人與趣度較高，覺察與表達力低：這個象限的人，願意理解並體會他人的觀點，但不夠擅

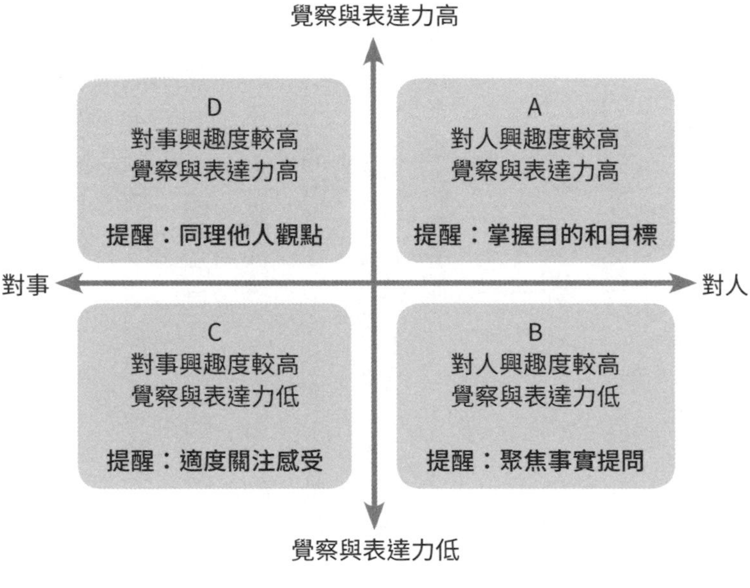

圖1　敏感度領導矩陣

長或不夠喜歡充分表達。建議多聚焦於客觀事實、進行必要的提問，以確保自己能掌握足夠的事實，並提升行動與決策的有效性。

C. 對事興趣度較高，覺察與表達力低：這個象限的人，傾向於將精神投注於可控性與可理解性較高的事情本身，即便有自己獨到的見解與邏輯性，也不見得會於第一時間清晰表達。建議此象限的人要適度關注感受，包括自己的與他人的。

D. 對事興趣度較高，覺察與表達力高：這個象限的人，享受資訊的蒐集、統整、分析，且不吝於表達自己的見解。建議要讓出空間給不同的聲音、試著理解或同理他人的觀點，使自己對事情的理解更完整且立體。

我們每個人都有較擅長與偏好的面向，有些人對他人的非語言訊息展現極為敏感，不需特別訓練就能聽出言外之意，但對事情的因果關係老是搞不清楚狀況；有些人在事情的開展與資訊的收斂方面具有強大功力，但無法有效辨識不同利益關係人在事件中可能造成的影響。

敏感度是活的，不需要標籤化，因為不管你對於哪個面向比較容易有感覺，都可能因為職務需求，而必須將其他面向的敏感度也提升到某個程度，才能更有效地整合資源、創造結果。過度理所當然認為自己具備高敏感度，而誤以為自己對於所有面向的理解都十分通透，是個錯覺；認為自己沒什麼敏感度，就放棄對於敏感度的鍛鍊，是個浪費。

不可否認，有些人天生就對顏色、聲音、氣味、方向、空間很敏感；但若沒有持續活化這種天賦，能為自己的人生帶來的影響，其實也很有限。敏感度領導也是如此；我傾向於相信不管天生能力如何，只要你想要或需要的能力，都可以透過後天大量的刻意練習來培養。

敏感度這種東西，有練就有，沒練就沒有。

PART 1

對自己的敏感度

「人生，是你所有選擇的總和。」

——卡繆

每個人都有屬於自己的「濾鏡」，問題是，你是否對自己的濾鏡有所覺察？

對話、對話、對話，沒有別的捷徑。我們跟別人說了太多話，卻很少好好跟自己對話。有些人的人生，跟便利商店店員講的話，可能都比跟自己的對話多。

知道自己是誰、擅長什麼、想要什麼、要去哪裡，真的是我們需要為自己做的最重要的事。知道要以什麼方向與方式來理解自己，也才會知道要用什麼方向與方式去理解他人。

看得見自己的優點，才能懂得欣賞別人的優點。

認為自己是有天賦的，才能認同每個人都有自己的天生才華。

願意承認自己的不足，並找方式打磨調整，也才能在他人改進自我的過程中，給予理解與支持。

允許自己是不完美的，也才能接受他人的不完美。

你理解與接受自己的能力，便等於你理解與接受他人的能力。

CHAPTER

01

知道自己是誰——你若自帶光芒，周圍就會被你照亮

每個人都是獨一無二的存在

我是熊貓血。

什麼是熊貓血？意思是Rh陰性血型，表示我的紅血球沒有某種抗原，這在亞洲是僅有百分之零點三的人才有的血型。這件事對我的人生產生兩個影響。

第一個是我懷孕時，醫生說，我的血液若經過胎盤進入胎兒的循環系統，將可能導致胎兒貧血或死亡，也就是說，我的血液可能會殺死我的寶寶。還有，因為怕生產時大

出血，為了防止血庫中的陰性血不足，醫生請我自備血源，於是我把整個家族的血型都問了一遍，找來同樣是陰性血的親屬隨時待命。我擔憂之餘，做了所有該做與能做的措施，最終孩子健健康康來到世界，成為我人生最大的禮物。

另一個影響，是我不時會接到捐血中心的通知，說陰性血不足，請我去捐血。血液有新鮮度的考量，平時捐起來放其實沒什麼用，很容易過期。只要我接到電話，就會盡可能抽時間找最近的捐血站去貢獻我熱騰騰的血漿。

也許因為我的血型，使「覺得自己很特別」這件事對我來說不是太困難，這比我決定了自己的名字還要神奇；我一出生就注定與眾不同。

欣賞自己的光芒，也允許自己的黑暗

我看過一些含著金銀湯匙出生的族群，也遇過不少被玻璃罩著的嬌貴花朵，他們的名字不只三個字，通常是叫做「某某集團創辦人的長孫」或「某某公司董事長的千金」，他們出場時金光閃閃外加瑞氣千條。

我沒有背景，是鐵餐具陪伴長大的，而我跟鐵餐具一樣不怕摔、不會壞，即便有點變形也不影響功能。這樣的我在職場上，要人脈沒人脈，要資金沒資金，我只有我。於是我很甘願，知道自己想出人頭地，就是要很努力。反正我是金牛座，又是人類圖的顯示生產者，注定要踏踏實實、勤奮一生。**他人有他人發光的條件，我也可以有自己的精彩旅程。**

雖然從地上只能仰望空中的風景，但該有的陽光、空氣、水是一樣都沒少的。在地面上前進，會碰上石塊或土堆、遇到敵人需要肉搏戰、行走的速度比較慢。但是，路邊偶有雜草野花的驚喜、轉角會遇到同行一段的夥伴、能靠自己的雙腿走出一條路來——這種滿足，又豈是人生勝利組所能體會的？

有一句話說得很好：「比你優秀的人都還在努力，你憑什麼不努力？」所以，我夜以繼日地、拚了命地，試圖活出精彩。如果我能體會渺小的感覺，是因為我經歷過那種窮途末路，感受過自己是「nobody」（無名小卒）的感覺。如果我能照亮別人，是因為我曾經那麼需要隧道盡頭透出一點點光源，讓我還能抱持著希望前進。

可是，不管你是天才或地才，都會累。當你體力不佳、績效不好、狀態差強人意時，你是否能接受自己的低潮？我曾經很難面對自己的黑暗。認識我的十個人中，有九個人會覺得我是充電器；有太多的人哭喪著臉前來與我對話，最後總能帶著笑意與能量離開。但是，我會累，我也有自我懷疑、也會自我鞭笞。因此，這些負能量來臨時，我心中的焦慮、慌張、憤怒、暗黑簡直就要把我吞噬。

「我不是那個能啟動他人能量開關的人嗎？怎麼啟動不了自己？」

「我不是那個引發別人正面思考與行動的人嗎？怎麼可以如此負面？」

很多小聲音會一直盤踞在我的腦袋裡。幫助他人的次數越多，我便累積越多的困惑、混沌與自我抗拒。

我向來思考快、講話快、做事快，很多人給我許多「慢活」的方法，但根本沒用。

「我是誰？我在哪裡？我在做什麼？」這種沒有答案的靈魂大哉問，曾經大大影響我的底層穩定感，即便他人不一定知道。直到有一天，跟一位朋友聚會，他的太太也一起出席，一番會談後，我覺得她就是老天爺派給我的天使，扭轉了我的人生。

她問：「妳為何這麼急？」

我快速地說：「該做與想做的事情好多，覺得做不完。」

她問：「妳為何覺得必須做那麼多事？」

我同樣不假思索地說：「人不就是要一直產出或前進，才有價值嗎？」

她問：「妳為什麼認為妳等於妳做的事呢？」

我語塞了。我為什麼需要靠不斷做些什麼，才能證明自己是有價值的呢？

她說：「妳是太陽，妳不需要特別做些什麼，妳的存在本身已經足夠。」

我不太確定地提問：「如果我是太陽，為什麼有時我會感覺到深不可測的黑暗？」

她說：「因為光亮與陰影，是同時並存的。」

也許時間到了，也許人對了，總之這個「我是太陽」的念頭打進了我的腦袋。原來，我是太陽。

六年後，一個我很尊敬且喜愛的好友對我說：「妳是太陽般的女子。」還送了我一段安德里亞．德沃金（Andrea Dworkin）的詩：

太陽是否會問自己：「我夠好嗎？我有價值嗎？我做得夠多嗎？」不會，祂燃燒，祂發光。

太陽是否會問自己：「月亮怎麼看待我？火星今天對我有什麼感覺？」不會，祂燃燒，祂發光。

太陽是否會問自己：「我和其他星系的太陽一樣大嗎？」不會，祂燃燒，祂發光。

她不知道，我的光亮與黑暗曾經讓我如此痛苦。她也不知道，她的這段話使我淚流滿面，帶給我巨大的力量。我不知道自己是否活成了太陽，但我知道我終於接受了自己的黑暗。

你的一生，想怎麼活？

如果你是自己人生的編劇，你會為自己設計什麼樣的人物設定與遭遇？

首先，是原生家庭：

- 你出生時的天氣如何？是風雨交加的颱風天，還是萬里無雲的朗朗晴天？
- 你在哪兒出生的？是便利的天龍國，還是要找產婆接生的窮鄉僻壤？是好逛好買的大城市，還是亞馬遜叢林中的某個部落？
- 你出生在什麼樣的家庭？是書香世家，還是市井小民？是一板一眼的軍人子弟，還是在商言商的生意囝仔？是生在含著金匙銀碗的蔡家、顏家、林家、辜家，還是很會用塑膠餐具和免洗筷的普通人家？
- 你的父親性格如何？他老是板著一張臉、充滿權威，還是那種會把你扛在肩上看熱鬧的暖男？

- 你的母親對你有什麼影響？她深信「女子無才便是德」，還是鼓勵你自由奔放、做自己？
- 你是獨生子女，還是有兄弟姊妹？你與他們感情深厚，還是天天從早吵到晚？

接著，是成長階段：

- 在幼稚園搶你玩具的那個人，其實是最早欣賞你的人？
- 小學時老是跟你分在同一組的那個人，成為你一輩子的死黨？
- 高中那次比賽，第一名根本就是內定的，而第二名的你明明就比較有才華，你因此贏得了一面倒的支持？

你會經歷什麼樣的人事物？你會安插什麼蛛絲馬跡進入你的人生？

- 你想要過什麼樣的日子？
- 你喜歡一成不變，因此喜歡的早餐可以吃半年？還是不時得創造新鮮感，每個月總要移移這張桌椅、換換那些杯墊？
- 獨善其身令你快樂，還是在為他人服務奉獻時，你更能感覺到自己的價值？
- 你喝酒的習慣，通常是因為想要換得短暫解脫，還是有事值得慶祝？
- 你相信自己是天賦異稟、信手拈來的人，還是要持續鍛鍊、才能有一點成就的人？

你會想要做出什麼選擇？

- 媽媽不准你拿陌生人的糖，你從此認為陌生人都是壞人，還是你會再問問可以如何得到一顆糖？
- 爸爸堅持要你讀某個你不想念的科系，你是不情不願地接受了，但終其一生抱持著受害者心態；還是勇敢爭取，造成短暫的關係緊張，但最後活出自己想要的樣子？

- 曾經約定要地老天荒的初戀對象，卻愛上同事。你會從此築起堡壘、遊戲人間，還是會願意再次勇敢地相信愛情？
- 老闆竟然晉升了同期的另一個人，你會覺得毫無天理，從此意興闌珊；還是選擇自省沉潛，繼續鴨子划水，直至下一次機會來臨？

今天以前的日子，你是不是自己的人生編劇？不管是不是，我邀請你去想像，到了死亡的時候，若用五張照片呈現你的一生，你覺得什麼樣的畫面足以代表你？我是這五張：

一、舞蝶

我希望我的墓誌銘是這句話：「賴婷婷，一生精彩。」若要以一個畫面來呈現，那會是一隻蝴蝶，在七彩斑斕中飛舞。

二、模糊的仰天大笑

我很喜歡笑，不是那種抿嘴的微笑，而是露出牙齦的仰天大笑，帶著爽朗的、豪放的、流出眼淚的那種開懷笑聲。我有非常、非常多這種照片，因為總是笑得前俯後仰，所以畫面幾乎都是模糊的。

三、老公與女兒相視而笑

我不在畫面裡，我是掌鏡的那個人。老公沒有家財萬貫，女兒沒有出類拔萃，但他們經常因為一點點很小、很小的事，相視而笑。我捕捉了非常、非常多這種能讓我瞬間覺得滿足又感動的畫面，讓我感到一切都值得。

四、母親在廚房的側影

母親喜歡煮菜。在我的記憶中，母親總是在廚房，夏天做涼拌、冬天熬湯，不是在切切弄弄地準備食材，就是在煎煮炒炸。她總是忙到全身是汗，再冷的日子，她都會穿著短袖在廚房忙進忙出。廚房就是母親的天地與世界，也是我對母親最深刻的印象。

五、天空

我喜歡天空，也許是因為我羨慕——羨慕天空的無邊無際、變化多端。我無法擁有天空，但我會搜集我走過的天空。湛藍的、有趣的、多雲的、喧鬧的、洶湧的、奔放的、冷靜的、陰黑的、沉悶的、詭譎的……這些形形色色的天空，像極了人生。

成為自己的人生編劇吧！用自己的妙筆生花去活、去呼吸、去燦爛。

「參與」你的人生，不要只是「參加」

「參加」跟「參與」有什麼不同？「參加」是人到，「參與」是心到。我在主持實體工作坊時，有些人很明顯只是來「參加」的，因為公司安排課程，他們不能不到場。有些人則是投入度極高，不把自己當成學員，而是跟講師一起共創這個學習的過程，進而擁有學習的成果。

法國大文豪雨果（Victor Hugo）說過一句話：「最無聊的人生，是過著日子，卻沒有活著。」（Le plus grand ennui c'est d'exister sans vivre.）這非常能呼應我想表達的「參加」與「參與」的差異。有些人之於自己的人生，彷彿過客一般，隨波逐流，玩著他人設定好的遊戲規則，過著符合他人期望的日子。他們以為自己對人生沒有發言權或主導權，放棄了可以設定或調整的機會。

一部老電影《命運好好玩》（*Click*）有一點警世意味，內容是說一位建築師某天拿到一支萬能遙控器，不只能控制電視，當遇到不想認真面對的時刻，還能用那支遙控器將自己的人生快轉。使用過幾次之後，遙控器有記憶裝置，會自動將曾經被快轉的類似片段快轉過去。有一天，建築師發現自己竟然就這樣不斷快轉到他心臟病發、奄奄一息的日子；他錯過了摯愛父親的葬禮、兒子的婚禮，甚至連老婆都已經改嫁，最終他抱著滿滿遺憾與世長辭。幸好，片尾畫面一轉，一切都只是建築師的夢。

你的人生，快轉的話是否也沒什麼影響？還是你想要每一刻都扎扎實實地走過？

你值得好好來一場自我探索

我設計了「自我探索地圖」，曾支持過很多人在卡關時的覺察與能量的提升。這個地圖分為「暫停、探索、定向、行動」等四個面向，總共十二個步驟，在這裡介紹給大家：

一、暫停：

1. 反思：我值得好好進行一場自我探索。

每天洗漱、出門、移動、上班、用餐、會議、對話、回家……在這樣的日常中，你知道我們每天會產生多少想法嗎？美國國家科學基金會的研究發現，每個人每天平均會產生約六萬個想法，其中百分之八十是負面的。所以，為了能順利放進新的點子與好的能量，我們得先暫停這種自動化模式。方法很簡單，聽一首歌，做十次深呼吸，冥想五分鐘，或任何你覺得能使腦袋暫時淨空與專注的方式，使你能從眼前的狀態中抽離出來，轉換成一種開放的、好奇的、期待的能量。

二、探索：

2. 天賦：什麼是我與生俱來的特質？

愛因斯坦說過：「每個人都是天才，但如果你以爬樹的本領評斷一隻魚，那隻魚一輩子都會相信自己很笨。」你是否足夠了解你天生的設計？這裡有一些線索，可以讓你掌握自己的天賦：「我天生能勝任什麼事？什麼是我與生俱來的特質？」這是你的特殊才能、你與眾不同的利基點，也是你能夠事半功倍的區域。

3. 熱情：我天生喜歡什麼類型的事？

這代表你最深的渴望；做這件事能激發你的能量，使你得到滿足感。即便你不是處於最佳狀態，也會充滿動能，想要去進行與這個主題相關的事情。例如，有的人從小就莫名熱愛籃球，即便身高不高，技能不出眾，腳踝拐傷，每天還是會想去摸摸球，一下下都好。這種自發性的企圖心具有非常強大的能量，能使我們跨越許多障礙。

4. 能力：我的經驗為我累積了什麼能力？

你要相信一切都是最好的安排。蘋果創辦人賈伯斯說：「你不能把點點滴滴向前串聯起來，只能把它們向後串聯。所以你必須相信，這些點點滴滴將會以某種方式聯繫到你的未來。」你的生活、學習、工作經驗，都是為了更好的你所做的準備，因此，試著去收斂與淬鍊吧！所有走過的路，必定會為你創造些什麼能力。

5. 盲區：什麼是他人看到、而我可能不自知的？

著名的喬哈里窗（Johari Windows）理論，將自我認知與他人對自己的認知分為四個面向：

開放我：自己知道，他人也知道；
隱藏我：自己知道，他人不知道；
盲目我：自己不知道，他人知道；
未知我：自己不知道，他人也不知道。

其中，盲目我可能代表著我們思考或行為上的盲點。多多主動邀請他人給自己回饋，就有機會把盲目我的部分調整到開放我；只要你真心誠意地邀請，通常就能得到真實的答案。開放我的比例越高，代表一致性越高，能夠降低人與人之間因為認知的差異所帶來的無效互動。

6. 信念：我在意與相信的是什麼？

信念是真實存在的，會影響我們方方面面的思考、行為、選擇，但有些人不見得能清楚說出左右自身決策的人生信念是什麼。找出這些信念，讓你相信與在意的事物成為你的人生羅盤，使你更清楚自己「為何而戰、為誰而戰」，就比較不容易產生不確定感；採取行動時，心態與能量也會更到位。

三、定向

7. 追求：長期來說，我想活出什麼樣子？

當你好好地理解與探索過去的自己之後，可以想想，長期來說，你想活出什麼狀態？這會是你希望活出的終極方向，你會願意持續追求、直到生命盡頭，你將願意為了這個目的付出努力與代價——那會是什麼？這裡有個關鍵心態是「相信」，你要充分相信自己想要實現的這個狀態會發生。

8. 目標：什麼是我想達成的階段性目標？

你的短期階段性目標為何？為了實現這個人生追求，你將設置一些階段性的檢查點，以確保自己走在選定的道路上，那又是什麼？透過設立短期或中期的階段性里程碑，會使你知道自己是走在對的軌道上，努力朝著心中的願景前進。

9. 挑戰：什麼是我可能遇到的困難？

可以確定的是，你一定會遇上困難；並不是所有事情都會照著你的規劃走。人都不喜歡不好的驚奇，所以，若能先預想幾個可能會面臨的卡關點，等到真正遇上時，就不至於手足無措或喪失動能。過程中，除了有形的問題之外，無形的信念有時也會跑出來干擾，像是「我做得到嗎？」、「我不值得擁有」的這種小聲音，你得先辨識出來，以避免不必要的耗能。

10. 資源：什麼是我可以運用的資源？

在實現目標的過程中，挑戰是必定會發生的，因此，我想邀請你相信「資源是無所不在的」——一定會有你還沒運用到的資源，你要先選擇相信這一點，才不會讓那個看起來很巨大的阻礙擋住了你要前進的路。我聽過一個非常動人的故事，內容是說一位小孩子正在搬一顆非常大的石頭，父親不斷在旁邊鼓勵他，並對他說，只要全力以赴，就絕對搬得起來。結果，那個小孩子最終仍然沒有辦法把那顆石頭搬起來。他告訴父親，他已經拚盡了全力，但還是沒有辦法把石頭拿起來。父親則說：「沒有，你並沒有使盡全力。因為我在你旁邊，可是你自始至終都沒有請求我幫助。」因此，在這裡，我想要提醒大家的是，所謂的全力以赴，不只是指你已經用盡了所有的力氣，而是你是否想盡了所有的辦法？你是否已善用了所有的資源？既然你知道過程中絕對會遇到阻力，何不預先準備好幾個能夠協助你過關的資源信念？這些話也許聽來陳腐，但相信我，這有時就是滿有效的，例如：「老天爺不會給我過不去的難關」、「所有的一切都是為了更好的未來所做的準備」。

四、行動

11. 執行：我會執行的行動是？

你的行動計畫是什麼？最終的一切還是要落實成為行動方案。以下有三個建議：第一，至少要列出三項行動。第二，要具體，例如，你想要與某人（你的老闆或部屬）增加溝通，但不要滿足於列出這樣的行動，而是要具體寫出「我每兩週要跟對方一對一面談一次，預計在週五下午，也就是兩人都比較容易待在辦公室的時間」。第三，千里之行，始於足下，為自己訂下一個微小到你很難不做到的行動，促使自己馬上行動。就上述這個增加溝通的例子來說，可以馬上進行的行動是拿起手機或打開電腦，直接將這個季度的會議都發出通知。

12. 慶祝：實現這個目標後，我想要如何慶祝？

當你充分發揮天賦後，你感覺如何？當你如期達成目標，你對自己有什麼看法？不必等目標完全實現才做點什麼來鼓勵自己；當你完成了某個困難的關鍵項目，便為自己製造一點小小的慶祝，感謝自己忠於對自己的承諾。

自我探索時，你得對自己非常、非常、非常誠實。這是一個自己與自己在一起的機會，你總要了解，這個會陪你走到最後的「自己」是誰。

CHAPTER

02

知道自己會什麼——想成就什麼，先成為什麼

因為數學不好的緣故，我少了一些看待事情與理解世界的角度，只要一看到數學公式、根號等特殊字元，就會自動關機、飄走、漠視。但是，我也因此很願意說我不懂，直到問到懂為止。於是，我養成一種習慣，當他人交辦任務給我，我會問到清楚明白；而我需要布達或透過他人才能完成的任務，則是習慣說得淺顯易懂。

有人問我為何選擇法文作為主修，其實原因很簡單，就是大學入學考試的分數上不了英文系。家中長輩覺得我學了一個「沒什麼用」的法文，為我的出路擔心。但是，我能夠閱讀原文版的《小王子》；我能夠用法語在巴黎鐵塔下跟小販買飼料來餵鴿子；我因

此注意到琳達・萊特（Linda Wright），一個把自己活得時尚又精彩的七十幾歲超熟女——我暗自期許自己也能活成那樣的長者。這些與那些，都不是沒用的，而是滋養我的好料。

我不會因為數學不好而鞭笞自己，也不會放大這個元素占據在我生命中的位置，或過度不必要地影響我的人生；這只不過代表我不具備或不擅長某個能力罷了。但有些人會往死胡同裡鑽，把某件做不好的事無限上綱，放大到人的層級，甚至產生「我是個沒有用的人」的觀點，因此活得不自信又陰暗。

裂縫是光進來的地方

「裂縫是光進來的地方」，這句話帶給我極大的救贖。有一年，我覺得我壞掉了：公司要我交出兩位數的績效成長；部門主管的成長速度來不及跟上公司的成長速度；一線人員流動率跟業界比起來，即便不算高，但每一次人的來去都是一次資源與期待值的錯置。每天早上七點出門、晚上十一點回家，我不知道自己還能撐多久，不只是因為身體疲累，而是心裡與腦袋都抽空了，不知道這樣的日子有沒有盡頭。

公司一位資深前輩看我用盡氣力，對我說：「老天爺不會給妳過不去的難關。」我一聽，便覺得得到力量，重啟相信。我還跑去訂製了一個皮質筆袋，將《星際大戰》的尤達（Yoda）說的「This too shall pass.」烙刻在上面，時時提醒自己，「這一切終將過去」。但是，我還不太會轉念，只是傻傻執著、等著老天爺為我的辛苦喊停，或給個中場休息的指令；我沒有意識到自己其實還是關注著日子裡的為難與不順遂。後來，當我對於高階管理職已經開始駕輕就熟，逐漸有種「兵來將擋，水來土掩」的手感，卻在一次完全沒料到的事件上栽了觔斗。我不明白的是，我已經這麼努力、這麼願意、這麼會轉念，為什麼還有過不去的感覺？

「當弟子準備好，老師就會出現。」一位朋友找我協助她釐清與面對她眼前的處境，這位朋友能力高強，是上市公司裡其中一個事業群的總經理，也因著興趣在經營副業，台灣北中南三地都有共享空間據點，十分成功。重點是，她非常有愛心、有溫度、有生命力，我幾乎不曾看過她發脾氣或抱怨；對待需要協助的人，她也總是以行動支持，不說場面話。但她也會累，也會有需要被支持的時候，於是我們進行了一場教練對話，結束後，她覺得她的情緒得到解套，也知道要如何推進卡關的事務。她說她充飽電後，又可以衝刺好一段路了。我邀請她為那場對話做個學習總結，她說：「裂縫就是光進來的地方。」

我十分震驚，因為這句話直接打到我的內心，有力地化解了我那段日子的糾結。這句話使我不只是等待問題過去，更能夠積極轉念。從此，我看待裂縫的時候，便會自然啟動光亮的畫面。

一步的距離，也就足夠

我常常覺得，我剛好就多會一步。對很多新創企業而言，他們不是不願意讓組織變得更高效，也不是不願意對團隊更好，更不是不願意賦能或授權，而是不知道該怎麼做。找業界大老或知名管理顧問來協助，絕對能聽到一些成功祕笈或是很有道理的架構流程，但大老的經驗值有時不太容易複製，指標型的顧問公司通常也不便宜。

我沒有三兩三，但我大概有一兩一——懂的東西剛好比許多組織多一步，可以為他們腳下墊出一個空間，讓他們跳脫眼前的局面，往前邁一步，想像多一步的狀態，進而看見多一步的風景，預測多一步的風險。假如一次給他們太多、太大的方法架構，他們消化不來，團隊也執行不了。

假設以零到一百來比喻企業的階段，從零到一的企業可能不太需要我，他們光靠幾位創辦人的熱血與新鮮的肝，就能面對源源不絕的挑戰，保持某種程度的衝勁。當他們到達一的時期，表示度過了求生存的階段，證明出某個商業模式；一小組人在船上共創事物，但跌過一些跤，經過幾次測試，仍然不知道該如何成長，這時就會找上我。這個階段是我的興趣與專長，我能夠協助這種階段的組織，提升整體效能和主事者的決策品質。不過，再往下一個階段，從十成長到一百，又不見得是我的專長了，因為與金錢打交道的遊戲，有比我更專業的個人與公司能提供協助。

這一步的協助若要給得剛好，除了要十分了解對方的狀態，還要對自己擅長什麼拿捏得很精準。我發現自己過往的歷練，使我擁有一種很強大的「展開能力」（deployment）。進入職場大約三、四年之後，我便直接跟創辦人一同工作。很多老闆充滿各式各樣的想法，但這些想法都是飄浮在天空中的點子，所以我養成一種功力，就是能夠把一個飄在空中的想法，展開成為十八個執行步驟，讓我自己能夠理解，也讓下面的人能夠執行。那幾年不乏痛苦與抱怨連連的時刻，但不得不承認，這樣的訓練使我日後在協助各家老闆時如魚得水，因為我能夠「轉譯」他們的想法，讓他們的團隊知道要如何推進與回報，使他們的互動效率大為提升。

我常常覺得，我剛好就願意多走一步。**願意且能夠多走一步，來自於對自己的相信，知道自己給得起**。我也常常覺得，我剛好就願意多退一步。**退得了，是因為知道自己即便輸了眼前的戰役，也不代表放棄整場戰爭**。朝九晚九的日子，我過了十幾年，也苦、也不苦，苦的是對身體與精神來說真的是極大的耗損，不斷戰了敗，敗了起，起了又敗。不苦的地方是，我知道眼前經歷的一切，最終都將成為我的養分，使我能夠承擔更多挑戰，並承接更多美好。

以成長總結模式，持續鍛鍊心理肌肉

全球指標性的策略顧問公司麥肯錫的全球研究院（McKinsey Global Institute）近期發布了一份報告「定義公民在未來工作世界中需要的技能」（Defining the skills citizens will need in the future world of work），指出未來人才若不想要被輕易取代，最應該擁有或培養的職場能力。調查裡列出五十六項「DELTA特質」，這些特質既是能力、也是態度，分為四個領域：認知、人際、自我領導、數位能力。結果出爐後，他們將各種變數進行分析，得到不同面向的最關鍵特質如下：

- **工作滿意度：**自信、應對不確定性、自我激勵與健康。
- **薪酬：**自信、制定工作計畫、組織敏感度。
- **求職就業：**整合資訊、應對不確定性、適應力。

我看到這種結果的時候，一則以喜，一則以憂。喜的是許多看起來很像身心靈課程才會提到的字眼，例如自信、自我激勵與健康，竟然出現在麥肯錫正經八百的報告裡，甚至在前三名的位置。這說明了在現在與未來的世界，一個人理解自己的程度、知道自己的差異化優勢在哪裡，比過去更重要好幾倍。自信與自我激勵的能力，已經不再是可有可無（nice to have），而是必須有（must have）的能力。**自我覺察不再是可有可無的身心靈語言，而是職場必備的關鍵能力。**這跟我一直以來想倡議的方向非常一致。另一方面，憂的則是，像自信這種「果」，是由很長、很長的時間中所種下的「因」所造成的，而那會是沒自信的人短期之內可以扭轉的嗎？假如答案是否定的，難道就意味著沒自信的人會被未來的世界淘汰嗎？

你選擇看事情的角度，會影響你的思考、情緒和行為，因此，能夠有意識地鍛鍊你的心理素質與思考路徑，真的非常重要。我實在無法強調更多，因為你就是要不斷、不斷地持續鍛鍊，才能維持那個狀態。假設你有六塊肌，那不是你一旦擁有、就會一直擁有的，你得持續鍛鍊，肌肉才會維持那個狀態。心理素質也是如此，並不是你幾歲時曾經讀過一本很棒的書、看過一場激勵人心的電影或演講，就能保障你這輩子的正能量或幸福。你必須要時時刻刻、很有意識地鍛鍊你的心智，才能使有效的資源信念都能夠為你所用，並為你的人生加分。即使你是成長型的人，也不代表你不會感到挫折、沮喪、低潮，但你的選擇會使你能夠相對快速地轉念，重新回到軌道上。

因此，我想提出一項最重要的能力，這是我認為現在與未來的世界裡，每個人都必須擁有的，也就是「自我升級」的能力。你天生不公平的優勢，使你走到現在這個位置，但是接下來，若要實現更遠大、更美好的目標，就必須要擁有自我升級的能力，知道如何把自己從 1.0 升級到 2.0，再升級到 3.0。這裡有一個提醒，或說是一個觀念，那就是**別急**。就像是任何的 app 或機器人，也有所謂的第一代、第二代等持續優化的版本，因此我們也是可以持續優化的，不必一次做到位（反正我們也不可能一次做到位）。只要抱持著一種成長的思維，就有機會降低自己在這個過程中可能產生的不必要或過多的情緒干擾，然後更有耐心地等待你想要的未來發生。

我們來想像一下，假設你要去一場八天七夜的旅行，你第一個會做的動作是什麼？你可能會想想你要去哪裡玩，因為這會決定你要準備多少錢和東西。你可能會上網搜尋，感覺一下自己想體驗什麼。去法國巴黎看歌劇比較好呢？還是義大利佛羅倫斯比較好呢？或是上次有個朋友去看了極光，說極光是一輩子必須經歷一次的體驗……上次你還看到一個朋友分享紐西蘭螢火蟲洞的照片，讓你覺得：「天啊！這是在地球上的景色嗎？怎麼可能有這麼夢幻的場景，所有的東西隨便拍起來都很像明信片？」總之，你會先決定一個旅行的地點。

當你決定好地點之後，接下來會做什麼事？你會開始決定你想要自由行，還是要跟團。假設你選擇自由行，那你可能會上比價網看一下機票、依據旅遊路線決定要訂哪些旅館。然後，你可能會去爬文，看一下那個地方的必吃、必買、必玩的清單，你也很有可能因為這些清單而調動交通或住宿的安排。

當你搞定一切之後，休假也請好了，隨著時間的推進，到了快要出發的時候，你會開始準備行李。假設是去寒冷的國家，你會帶上較厚重的衣服；若是要去比較炎熱的地方，你可能會準備幾套泳裝。

旅途中，我們一定都有這樣的經驗：當你跟著谷歌地圖走到一個地方，而你想去的那間餐廳偏偏沒出現在你眼前；或者，你很想去參觀的某個博物館，偏偏剛好在整修（這在歐洲是很容易發生的情況）。旅途中難免會發生一些不如預期的小插曲，但你會因此而氣急敗壞嗎？不會，你會非常快速地轉念，因為你知道你的目的：你是來享受、放鬆、體驗的，所以你不會因為一兩個小插曲而打壞了遊玩的興致。

旅程結束，回到家後，你會做什麼事情？你可能會不時回看旅遊的照片，看到每張照片便回想起來，拍攝這張照片的那一刻或前一刻發生了什麼事；你跟當地居民有過什麼樣的對話，他們的表情、語言、笑聲；你看到、聽到、感受到的一些情境。你甚至可能會寫下遊記，分享在社群媒體上。或者，當某個朋友或同事要去同一個地方時，你會興致勃勃地主動分享有什麼東西是必看或必買的，或者是某個地方的交通雖然很麻煩、但非常值得一遊。

為了一趟八天七夜的行程，你願意投入那麼多的精力去做那麼多的準備，甚至在旅途中自然而然地轉念，在事後做很多的整理，使你下一次的旅遊經驗能夠更好。相較之下，你跟你自己相處的時間，或是領導團隊、與成員相處的時間，可不只有八天七夜，而你又做了什麼準備來確保你的體驗與收穫呢？人生跟領導是一樣的，都是一趟未知的旅程，我們只能「**盡力準備、充分體驗**」。既然有體驗，就會累積一些經驗，下次去旅遊的時候，便能自然而然地運用過往的學習體驗，調整自己的狀態，並獲取美好的經驗值。

我想在這裡進行一個區分，那就是「反省」跟「總結」是不一樣的。我的教練或授課對象大多數都是主管，既然是主管，一定有許多有效的做事方法，但我也發現了他們共同的特質，那就是自我要求很高（這或許也是他們能晉升為主管的一個重要原因）。然而，他們也因此容易有自我鞭笞的取向，進而不自覺地經常檢討他人。我們當然要從過去的經驗中學習，但若你習慣用「反省」的方式，就會容易產生一種責怪、教訓的感覺，這股能量通常比較負面，不管是對自己或他人而言。被「反省」的對象通常會產生「我不夠好」的感受；「總結」則比較像是看見前進的部分有多少，從這件事情得到哪些學習經驗，再透過一點一滴的堆疊，整合出新的觀念或做法。

我不只一次得到我的教練客戶或以前的團隊成員給我的回應，他們之所以喜歡跟我互動，是因為他們覺得我不會有批判的感覺。其實我滿嚴厲的，因為我非常地目標導向，而且我急起來的時候聲量比較大。可是，我發現我有一個特質，那就是我不覺得每個人都必須要是九十分，我很能接受這個人現在是七十分的狀態，那個人是八十二分的狀態。我比較在乎的，是他們是否有前進的意圖；只要他們能持續從現在的位置往前推進，例如七十分的人變成七十五分、八十二分的人變成八十三分，如此就值得稱讚。而且我也非常明白，九十分的人若要進步到九十一分，就是需要比較多的時間。

「成長總結模式」是一個有效又簡單的方法，我經常用來跟客戶與團隊互動，一起學習及前進。這個工具有三個步驟：

第一個步驟：表現

表現與兩件事有關：一個是關於**結果**，一個是關於**過程**。觀察表現時，一定要有數字，因為數字是很客觀的東西，能讓你知道自己的位置；你不應抗拒看見自己的表現。舉例來說，若你想為過去半年自己的跨部門協作能力做個總結，那你可以先為自己的跨部門協作能力打一個分數，若以一到十分為標準，假設你給自己四分。經過半年的鍛鍊，你現在覺得可以給自己的能力打七分，這是針對**結果**的自評。至於**過程**的表現，是針對投入的程度去給分。比如說，這半年來，你很有意識地鍛鍊自己的跨部門協作能力，雖然非常忙，但你每週還是會花一點時間去鍛鍊或學習這件事，因此，即便現在的跨部門協作能力是七分，但你可能會給自己的投入度打九分。

第二個步驟：體驗

針對你得出來的表現，你有什麼**情緒**與**想法**？就上述跨部門協作的例子來說，你對於自己經過半年的努力，從四分前進到七分的感受是挺不錯的，因為你過去明明知道這是一個需要改進的地方，卻沒有任何作為，而這半年終於開始為這件事做點什麼，所以覺得滿開心的。

第三個步驟：學習

在鍛鍊的過程中，你學習到什麼？你要看見自己**有效**的地方是什麼，**無效**的地方又是什麼。例如，同樣以跨部門協作能力的培養來說，在過去半年中，你之所以能夠從四分進步到七分，有效的部分是因為你確確實實地投入時間種下種子，比如看一些相關的書籍或影片、擴展你的知識。因為真的有些技巧是可以直接拿來套用的，而市場上有那麼多的好工具，工欲善其事，必先利其器，何不直接拿兩招來試用呢？所以，你認為有效的部分是持續為自己充實知識。無效的部分是什麼？你可能發現，當對方好好說話的時候，你就能記住如何使用新的工具或招式，但只要對方的口氣不好或情緒不太平穩，你就很容易被對方的情緒牽動，把所有學習的東西都拋到九霄雲外，因此你無法冷靜理性地跟對方進行有效的溝通，而這就是無效的地方。

當你看見自己有效或無效的部分，這些只是最基本的。最重要的是，你要決定**下一步**：具體來說，你打算怎麼做？比如說，你想要繼續維持有效的部分，所以你要持續每個月看一本書的做法。在無效的部分，你想要試試的是，下次當你自己有情緒或對方有情緒時，你決定先深呼吸十秒鐘，或者提醒自己不要立刻做出言語的反擊，因為那其實只是情緒的發洩，無助於形成共識或達成目標。

「成長總結模式」裡的表現、體驗、學習都是非常重要的，缺一不可，三者是彼此影響與連動的關係。假如長期下來，你只注重表現跟體驗、不在乎學習，那麼你有可能無法複製有效性跟成功，因為你不知道你到底為什麼成功。假使長期下來，你只注重體驗跟學習、卻不注重表現，那麼你自己或他人可能都不容易看到成果，你也無法獲得足夠的成就感；更別說在組織裡，一切都是以結果為導向，因此你在薪酬與升遷上也會比較難感到滿意。倘若長期下來，你只重視表現跟學習、卻不重視體驗，那會如何？我們畢竟不是機器人，長期漠視或壓抑體驗的結果，可能會使你比較難與人連結。

成長總結模式是一種系統性的總結方式，使你能較為全面地看待自己的學習成果，並持續累積你的有效性。

在我們持續往前走的過程中，必定會遭遇一些不是那麼開心或順利的時刻，我想用愛因斯坦的這句話來勉勵大家：「人生就像騎單車，想要保持平衡就得往前走。」我非常喜歡這句話，因為確實很有道理。想要看見不同的風景，你得先離開原地，使自己爬得夠高、走得夠遠，成為看得懂新領域的美好的人。

CHAPTER

03

知道自己在乎什麼——要自覺，得先自掘

多年前和一群女性友人做過一個測驗：「請憑直覺回答，你會如何帶著猩猩、小鳥、蛇、背包走一段旅程？」

猩猩很重，因此幾乎所有在場的人都選擇牽著猩猩；小鳥則是在空中飛，有時飛在左邊，有時飛到右邊，有時高有時低，有時前有時後，總歸是跟著一起前行；蛇則是放背包裡，讓猩猩背著。有些人覺得鳥跟不跟是無法控制的，就隨牠去；有些人說背包久了太重，會選擇中途丟掉；也有人說蛇很危險，最好不要長久相處，會盡快找個地方放了。我那時的選擇是：猩猩雙手環抱著我的正面、被我抱著，我一手用線繫著小鳥，

一手抓著蛇，背包背在背上。大家光想像這個畫面就笑翻了，我也覺得好笑。猩猩那麼重，我是瘋了嗎？但我的直覺真的就是這樣，因此我也如實陳述。

最後，出題者公布對應關係：「蛇代表金錢，背包代表責任，小鳥代表子女，猩猩代表配偶。」大部分的人很滿意自己的選擇：財務重擔給老公負責；自己在一旁看著子女，但給他們自由；配偶則是一起牽手前行的夥伴；金錢讓人無法忽視，卻是隨時可以拋下的。然後，跟我的選擇對照之時，她們硬是熱熱鬧鬧地取笑了一番。

回家後，我卻難過了起來。為什麼我連潛意識都要背起如此沉重的責任？甚至蓋過常識，想抱起猩猩、綁住小鳥？一個簡單且不知以什麼作為設計根據的測驗，卻意外讓我對號入座，精準又悲壯地直戳我的痛處，讓我意識到，原來多年來頻繁造訪按摩店也處理不了的、揮之不去的疲累感，並非源自每天工作十五個小時，卻可能是因為我看待與處理責任的方式。

此一發現非同小可。由於多年來職場訓練養成的慣性，我馬上就想找出問題的根源，一心一意地面對它、接受它、處理它、放下它。首先是「面對」：我猜想這種狀態可能來自於原生家庭，父母的教養不知該說是太成功或是不成功，造成了兩種情況——往正面想，是我很相信自己，覺得可以駕馭一切，連猩猩都能當作寵物對待；往負面想，是我根本無法信任自己以外的人事物，我只相信自己才是可以處理一切的救世主，而且一切都必須在我的可控制範圍內。童年時期的匱乏，可能導致即便我知道蛇很危險且滑不溜丟，但我還是忍不住想抓在手上，覺得看著牠、摸著牠，我才有安全感與踏實感。

看見問題之後，接著要接受自己就是個自以為是的控制狂：

我「看見」自己是如何冠冕堂皇地以愛之名箝制小孩的自主發展；

我「看見」自己將過重的責任視為理所當然；

我「看見」自己迷失在追逐金錢的遊戲裡而無法自拔。

我冷汗涔涔地、謹慎用心地編織出的綿密保護網，那個「我很好、我可以、一切都在我的掌握之中」的形象，是顯得如此可笑、不堪、虛假且脆弱。

你得先選擇相信。面對與處理很難，但不至於做不到。第一步是先在腦中用力種下

「我真的想改變」的種子。然後，要時時抵抗「不改變還不是過得好好的」這種龜縮的想法。接著要提高覺察，**不要陷入自動化，而是覺察、停下、選擇、行動**，儘管不是每次都做得到，因為慣性是讓人如此舒適。

我一次又一次清楚看見自己在未知前的渺小、遲疑、害怕、懦弱。我閉著眼睛都知道「二十一天養成習慣」或「一萬小時的練習」這些理論及大道理，但是，這過程還真難！難在每失敗一次後、要把自己再拉起來的毅力；難在要樂觀選擇相信不確定的結果。然後，要放下，竟然更難。腦袋明明知道「行到水窮處，坐看雲起時」，但心裡就是放不下。明明知道這件不合身的衣服讓自己彆扭又不好看，但就是捨不得丟棄。要放下用控制與自大包裝好的自己，就彷彿是裸身任人宰割。甚至也會擔心，一旦否定了那麼熟悉的生活模式，數年或數十年來的自己也會跟著消失，而這些年的功過成敗都將變得毫無意義。

原來，以為願意為愛、為家、為他人而把自己放在很後面的位置，其實心裡是不甘願的。膽小的我一直假裝自己很強大，但其實什麼都怕，什麼責任都不想扛。雖然意識到有什麼不對勁，卻允許自己無感地活著、過著。到了極度失衡的狀態時，就以受害者之姿怨東怨西，博取同情或注意力。這到底是從什麼時候開始的？所以累，所以急躁，所以瞧不起自己，所以無法與人連結，所以無法與自己對話。有時我能健康地提醒自己，有時卻也免不了變成自我鞭笞。我邊走邊調整，跌跌撞撞。

然而，因為持續的自覺與自掘，我終究有機會讓自己去到一個不同的位置與狀態。再度想起這個測驗的此時此刻，我感受到的畫面是：猩猩與我並肩前行，牠有牠的節奏，我有我的步調；我手上提著一個不至於造成負擔的包包；蛇在一旁，朝著同個方向前行；小鳥飛在我的前方不太遠的地方，上下跳動著、來回盤旋著。我感受得到風，還有一些暖黃色的陽光，不知何故，還想像得到花香，那花是黃色的。我感覺沒有任何人牽制或擁有著誰，但大家有「做伙」的感覺。我終於知道自己最在乎的，是自由。從看見到放下猩猩，我花了六年。你呢？你想花多久？

刻意呈現不在乎，反而是被綁架

「魔鏡啊魔鏡，誰是世界上最美麗的女人？」如果妳是女生，妳問過自己這個問題嗎？我沒有。姊姊跟我差一歲，她年輕時非常、非常漂亮，雖然也有人說我好看，但事實是，小時候追求她的人很多，卻沒什麼人追我。妹妹跟我差八歲，非常討喜，是男生和女生都喜歡的那種長相，男性朋友多，女性朋友也不少。

母親是位傳統的女性，崇尚「女子無才便是德」，對於我的職涯選擇從沒有一句好話，她老是覺得我太忙、太累、太衝；她心中最理想的職業是教師、銀行行員、醫生娘。但這並不影響她愛我、支持我，只要看到我，不管幾點，她就是想弄東西給我吃。年輕時，晚上聚餐結束回家後，她不在乎已經幾點鐘了，就是要我吃一些水果。失戀時，不懂安慰人的她，每天問我想吃什麼，無論我開出什麼菜單，回家就是能吃到。我生孩子後，一到冬天，她就會幾十瓶、幾十瓶地送上她親自熬煮的雞精，她堅信比市面上的好喝又營養。在她的觀念裡，沒有什麼比「吃飽」更重要；食物是萬靈丹，是一切的解答。

我愛我的母親，她以她唯一知道的方式，愛著與支持著她的孩子，但這不代表她對我的人生沒有種下其他種子。我是老二，小時候，只要有人誇讚我：「啊，妳這個小孩長得真可愛。」她會急急忙忙說：「沒有啦，好看的是老大啦。」或是，當有親友讚美我姊姊很聰明時，她會趕快澄清：「哪有，聰明的是老二啦。」她這種傳統的、所謂「謙虛的」習慣，以現代標準來看，應該是大大地不合格——長期貶低、壓抑、不認同孩子的獨特特質。對於尚未發展出特別的專才能力、也沒什麼事可分散注意力的孩童時期的我來說，這種不經意的日積月累的否定言語，著實種下很深的負面種子，導致我花了很多時間去理解及調整，學習與「資格感不足」這件事和解。

我可能有意識或無意識地為自己做了一個決定，那就是我不需要靠外貌就能活得很好。進入顧問業之後，名牌成了我的保護傘。顧問公司非常強調專業形象，要在每個城市裡地段最貴或最有指標意義的大樓設立辦公室。想當然耳，對顧問的形象也是十分要求，套裝與高跟鞋是必備的，手提包與好筆也是不可少的。公司甚至邀請知名形象顧問幫我們上了儀容課，老師教戰說明，在耳環、項鍊、戒指、袖口、腰帶這幾個地方，至少要穿出五個亮點。那有什麼問題？我靠著昂貴的套裝、高跟鞋、名牌包等很多很多的「亮點」飾品，衝鋒陷陣、殺進殺出，蹬蹬蹬地穿梭在大小會議間。我完全沒有享受打扮的過程，每天就是機械化地輪流穿戴我的「配備」上場打仗，我被各大名牌救贖著、糊弄著、遮掩著。

進入文創產業後，身邊出現很多需要「粉墨登場」的人：主持表演的主持人、上場演講的創辦人、被採訪拍照的同事。我看著這些人，心中覺得這些人瘋了，花這麼多時間採購挑選，搭配全身行頭。T 恤的剪裁是否合身；圍巾的親膚程度；戒指和耳環還要強調那種圓不很圓、直不太直的手工感。長褲的寬度與長度更是不得了，依據每人比例不同，褲腳不能折或要折幾折、折多寬……各項搭配都十分講究。

有一個朋友是我的典範。她在法國攻讀兒童心理學，回台灣後，並沒有從事相關行業，而是一路從基層業務做到外商公司總經理。許多外派工作都來招募她，但她都婉謝了，因為她不希望生活中只剩下工作；她喜歡工作，但也熱愛與家人相處的時間。她說：「如果我夠好，該是我的就是我的。適合我的工作會為我而生。」據我所知，至少有兩家國際性品牌為了她，將亞太區職級的工作硬是放在台灣，而她的年薪也都是新台幣千萬的等級。一路走來，看著她能握有如此的發言權，我真心崇拜。但最令我佩服到五體投地的，是她的有型與溫柔。我有幸認識她超過二十年，甚至一度隸屬於同一個集團內的不同事業單位，開過幾次會。我近距離觀察過她，對上司堅持立場時，不疾不徐，聲音幾乎完全沒上揚。與同儕互動時，儘管她的專業與邏輯能力遠遠勝出，也仍能柔軟溝通。對團隊就更不用說了，該支持時支持，該指導時指導。重點是，她很懂穿搭，也很願意嘗試各種造型。這次見她是婉約長裙，下次見她是幹練褲裝，任何造型看來都十分得體大方。她年輕時還燙過東方人很難駕馭的爆炸頭，在她身上竟然感覺也很合理。

如此高雅秀氣又具備堅強實力的人，看著我在職場上衝鋒陷陣、殺進殺出、男子氣概越來越強烈，卻跟我說：「妳可以很霸氣，也可以很溫柔，那都是妳。」原來，霸氣也可以很溫柔。她竟然那麼暖、那麼懂。這般的言語與眼神，彷彿是個允許，釋放了從小禁錮我的魔咒。原來，刻意不在乎外貌，反而是被深深地綁架了。我終於明白，**勇敢活出自己的樣貌，才是對自己最大的在乎。**

茶葉蛋有縫才入味，透過「生命圖」品嘗生命滋味

買過便利商店的茶葉蛋嗎？你會挑那種完整無暇、渾圓飽滿的蛋，或是裂縫很多、看起來很入味的蛋？我絕對選後者，才夠滋味。簡直跟人生一樣！回想自己的人生，讓你印象最深刻、成長最快速的日子，是那些絢爛美好、冒著五彩泡泡的時光？還是那些睡不著的夜裡，你因為被指責、被誤會、被奚落而產生的不甘願，使你想做點什麼，也因為你做了些什麼，所以日後更能體會達成這一切的痛快？因此，假如重來一次，你不見得會想跳過所有帶來負面情緒的事件。我有一個同學，直到大學都還是住在貨櫃屋內，冬冷夏熱。他對那個空間沒有歸屬感，那對他而言不是家，只是睡覺的地方，沒

地方上廁所、沒地方藏心愛的小物，只是個不小心就會擦撞出極大聲響、又硬又冷的場域。因為什麼都沒有，所以對於自己在乎什麼、不在乎什麼，他的判斷總是又直率又快速。

我一直都不是所處工作環境中最聰明或最亮眼的人。待在顧問業的期間，我的老闆智商高達一六三，團隊裡也多的是美國常春藤或台灣名校畢業的菁英。在私募基金公司工作時，團隊裡則有哈佛大學、華頓商學院來的，以及能寫出金融程式的怪傑。後來，與一些新創科技公司合作互動，也多的是出色的創辦人，上得了廳堂說故事，下得了廚房親自點貨、包貨、送貨。

正因為我平凡普通，因此養成「不懂就問、不會就多做幾遍」的習慣。我發現，這種傻裡傻氣的前進路徑，就是我最想要的人生狀態。在追求自我實現的過程中，「自己沒什麼好失去的」（I got nothing to lose）這句話，充分支持著我。每一次看似失去的背後，都讓我得到更多的學習。我雖不是諮商心理師，無法治療你的傷痛，但我認為所有走過的路都不會白走。過去的日子一定形塑了我們某部分的樣貌，因此，若能掌握影響我們甚鉅的蛛絲馬跡，那些過往就有機會以某種形式成為未來人生的某種資源。

讓我來介紹一個工具，叫做「生命圖」（life chart）。你可以透過生命圖看見自己走過的路，以及某些信念的開端。步驟是這樣的：

- 找一個你覺得舒服且能專注的空間，準備一杯咖啡、茶、飲料或水，你可能會需要至少一小時。
- 拿一張A4紙，橫放，在中間由左至右畫條線，最左邊寫上零，最右邊寫上你目前的歲數。
- 回想過去發生的事，不要用力。腦海中浮現什麼事就寫下來，並依據時間列出這件事大約在幾歲時發生。沒有什麼才是「值得寫下的大事」；每天都發生如此多的事件與對話，而你竟然記得這件事，那一定是有原因的。如果你覺得閉上眼睛能幫助你進行，那就閉上眼睛。不需要詢問別人。放慢你的速度，你會想起很多你以為自己已經遺忘的事。

- 記錄的時候，請留意自己的感受。當你回想起這件事時，感覺偏向好的、正向的，請放在線上；當你回想起這件事時，感覺偏向不舒服、沉重、負面，請寫在線的下方。記得要允許你的潛意識丟資訊給你，不要用意識主導。
- 列出約二十個事件後，可以觀察一下，是否有某個事件屬於重要的里程碑或關卡，而且在那件事發生之前與之後，你變得不太一樣了。這些事件會將你的人生分成兩段或更多，但要盡量維持在四段以下。
- 替每段時期附上一個標籤，每個標籤盡量是五個字以下，最多不要超過十個字。
- 最後這個步驟是關鍵。仔細回想，將你的人生區隔成不同時期的那幾個事件，在每個事件後，你有意識或無意識地做了某些選擇與決定，那是什麼？做出那些選擇時，你不見得會意識到那些選擇竟然深深影響著你日後的人生。

朋友向我介紹了一位在海外工作超過十年的人，請我做她的教練。第一次通話時，她說：「我已經走過西班牙、菲律賓、美國、德國，我的職涯還能有什麼選擇？我願意放棄所有外派的自由與收入，重新開始，但我到底能做什麼？」光聽她的聲音，我就能感受到她的迷惘與焦慮；這時候，無論是什麼選項，只要是還算有邏輯的選擇，她就會直撲而去。

不要在你很不確定或情緒很多的時候做重要決定。我帶著她進行生命圖的練習。她告訴我，她是在搭飛機時亂寫一通的，所以毫無章法。她曾想要找個時間好好重新整理，但日子一忙，就到了來找我上教練課的時候，只好一字沒改地來了。這其實是最好的情況，因為我們對於自己通常都會有太多批判與評估；當潛意識與直覺越來越受到壓抑，最終我們就會失去與之連結的能力。當我們走完上述七項步驟後，她驚訝地發現，影響她人生甚鉅的，竟然是她十歲時，在大家族裡多拿了一包衛生紙而被斥責的事件。小小的她從此決定要變得很強大，再也不要被人瞧不起。於是，她穿上一層又一層的盔甲，活在一個又一個的預設人物設定裡。她似乎活出了人人都欣羨的生活，但只有她自己清楚，她越來越不知道自己是誰、自己要的到底是什麼。

然後，我要她試想，假如繼續這樣活著，她會得到什麼？失去什麼？她的眼神好像開始有了焦點，她說：「我不要繼續過這樣的日子。」

這時，教練課中的問話有個小技巧。倘若直接問「那你想要的日子是什麼？」，一般人是答不太出來的，因為對方也只不過在幾秒鐘前才意識到這些年的日子不太對勁，怎麼可能那麼快就掌握到想要的生活的樣貌？

因此，我問的問題是：「你想要的日子裡，可能擁有什麼樣的元素？」將大問題拆解開來，就會比較容易回答。

這位朋友說：「我想要與人連結、我想要歸屬感、我想要……。」我看著她開始侃侃而談對未來狀態的想像。

當你感到快樂，能夠掌握自己真正在乎什麼，就有機會選擇並創造出符合那些元素的選項。

所有的可能性，從選擇開始

人生需要彈性，才有喘息的空間，而做出選擇就是創造可能性的開始。世上的事何其多，有些我們在乎，有些則不是如此；我們得選擇將自己的時間投注在什麼樣的人事物上。幸運的是，我們每個人都具備這項能力，不必花錢學習，而是與生俱來：只要你願意，「選擇」這個超能力隨時為你所用。

選擇面對難堪、選擇要哭要笑、選擇過得比昨天更好、選擇活出精彩、選擇放下、選擇愛人、選擇被愛、選擇好好生活、選擇好好休息……「選擇」通常是安靜又忠心地在一旁等候，只是我們常常忘記，或不敢傳喚它。為什麼呢？因為**「選擇」有個影子，名叫「代價」**。事實上，「代價」根本無法獨立存在，只能隱晦地躲在「選擇」背後。但「代價」其實也很無辜，因為它只是中立地呈現「選擇」的一些變形樣貌，隨著光線或場域不同，有時大一些、有時小一些、有時跑到眼前、有時跟在身後。因為這個甩不掉的「陪嫁」，導致我們常把「選擇」晾在一旁。明明主角姿態萬千、資源豐碩，我們卻只想著配角可能帶來的麻煩或負擔。

某一次，女兒班上要進行接力賽選拔，她的一個同學平時跑得滿快，選拔那天卻不知何故失常，沒被選上，事後幾天非常哀怨，甚至哭了，吵著要老師重選一次，但老師竟然也答應了。最大的問題是，這位好友得了便宜還賣乖，碎念道：「哎呀，其實我也不想跑，累得要死，又沒好處。」女兒非常介意，因為女兒就是萬一重跑最有可能被替換掉的人。她回來抱怨：「怎麼可以這麼不公平？有人吵就重跑，那如果又有別人去哭，難道又要再測一次嗎？」女兒連續忿忿不平了幾個晚上。

我說：「妳可以選擇為妳的不舒服做些什麼，也可以不做什麼，只是不管哪種選擇都會有代價。」

她問：「什麼是代價？」

我說：「當妳做出某個決定後，不管妳願不願意或喜不喜歡，都必須承受隨之而來的配套結果。例如，直接找同學說出妳的感受，代價可能是她不見得能理解或接受，而你們可能會覺得尷尬、甚至撕破臉。抑或是妳選擇不做任何反應，但代價就是妳感受到的委屈或不舒服感沒有出口，會再持續幾天。」

後來，女兒選擇跟同學表明立場，他們果然也不說話了，那位同學甚至煽動了另一位同學冷落女兒。女兒回家後雖有悶悶不樂感，但當我問她後不後悔時，她說：「不後悔。說出自己真正的想法，我覺得很舒服，如果因此不能當好朋友就算了。」

連一個小孩都願意為了自己的選擇付出代價，大人又有什麼好不勇敢的？我知道，女兒會從一次、兩次、數十、數百次的選擇中，逐漸積累勇氣。你、我或他也都一樣，我們越看重並回應自己的情緒與想法，就越能掌握自己的人生，不會在不做選擇的慣性裡與自己的感受漸行漸遠，甚至忘了自己是誰。**付出一些代價，之於活出自己的想要，是必須承受的重量。若連你都不看重自己的在乎，別人又何須把你的在乎當一回事？**

CHAPTER

04

知道自己想要什麼——人生沒有如果，只有結果和後果

沒有能不能，只有要不要

我們來做個實驗，請在接下來的十秒內，不要想香蕉，也不要想蘋果。對，閉上眼睛，先別往下看，默數到十。

誠實說，這十秒內，你腦中是不是曾浮現出香蕉與蘋果的畫面？

我們的大腦是這樣運作的：當你說你「不想要」什麼時，它會先想到那個東西，然後再不要它。

因此，正面表述你「想要」什麼是很重要的。若你想要什麼，就必定得在思考或行動的過程裡避開「不要」；否則，你明明就不想要某件人事物，那件人事物卻反而會一直胡攪蠻纏、賴著不走。想忘了前男友，該想的是「我想要有新戀情」，而不是「我不要再想到他」。想要減肥，目標得放在「我要健康」，而不是「我不該暴飲暴食」。想要孩子不遲到，你已經說過無數遍「再不快點就要遲到了！」，沒用的，不如說說準時的好處，例如「你可以輕鬆舒服地走進教室，有時間跟好朋友講上幾句話」。

說得簡單，但執行起來真的不容易，光是上述的例子，其實我第一時間蹦出來的想法，全都是否定或負面的字眼：

「準時的話，你就不用趕著上樓，在喘得要死的情況下開始你的一天。」

「準時的話，你就不會成為老師特別注意的對象，給自己找麻煩。」

「準時的話，你下課就不用罰抄課文了。」

可見負面思考與文字是如何根深蒂固地緊抓著我們的生活，大剌剌地影響著我們的方方面面。所以，你若真心想要達成什麼事，就得勇敢地、直接地、理直氣壯地說出：「我要！」先不要拿一堆「我不知道自己能不能辦到」這種藉口來阻止自己發想出內心真正想要什麼，因為很神奇的是，「我要」具備一種不管三七二十一的覆蓋力，**你夠想要，最終才能得到。**

我從小就認識且很會運用「我要」這個能力：

小學四年級時，即便沒人看好，我也要跟國文老師的女兒一樣得到寫作第一名；

初入社會時，即便毫無商業管理的背景，我也要拿下那份工作，進入商業世界；

第一次面臨公司併購時，即便是菜鳥，我也要爭取新事業發展部的位置；

募資時，即便投資者不知在何方，我也要公司在我手裡活過來。

「我要」有著很頑固的抓力，緊緊揪著我的心、我的腦、我的手，簡直比情人還讓我魂牽夢縈。若想要擁有「我要」的能力，不能只有腦袋裡的小宇宙在運作，外在的行為和言語也要一致，因為**別人只能透過你說的與做的去理解你。**

有一回，我忙裡偷閒去聽了一場分享會，其中有許多意外的驚喜。主辦單位是新創公司，分享者是創立超過十年的輕食品牌，主理人是個年過四十的時髦男子，穿著不違和又有個性的桃粉色連帽衫。他在分享的時候穿插很多「cool」（酷）、「homie」（死黨）等字眼，我很喜歡他帶來的「vibe」（氛圍），因為他能做自己，還能感染他的團隊與客戶，這真的是一件很酷的事。然後，我的代溝感突然出現了：簡報上出現一句「你的ＹＹＤＳ是誰？」，我當場傻眼，因為我完全不知道ＹＹＤＳ是什麼意思。他說他的ＹＹＤＳ是ＢＥＡＭＳ，那是一個成立超過四十年的品牌，它們的每一件單品都充滿個性與特色，能持續被一代又一代的年輕人、甚至熟男熟女覺得是個很酷的品牌，這真的很酷（讀者應該可以感受到這位主理人的能量多麼強大，我在寫這段時完全進入他的氛圍。我的第一本書將近八萬字，只出現一次「最酷的」，但我在這小小一段中竟然就用了四次「酷」）。

那麼，ＹＹＤＳ到底是什麼意思？「永遠的神」！哪些人事物或品牌足以成為你的ＹＹＤＳ？這個問題十分有趣，讓我也開始思考誰是我的ＹＹＤＳ。然後，我發現一件事：我的神有很多個。我有個習慣，入社會後，每個時期都會找一位人物典範來學習，說是模仿也不為過；我會模仿他們看事情的角度、做事情的方法、解決問題的路徑。因此，我在不知不覺中，也將很多ＹＹＤＳ的精神放進了自己的ＤＮＡ裡。

不斷歸零，不代表結果為零

有的人可以很輕鬆地說出「我需要……」，卻說不太出來、或不敢說出「我想要……」。「我需要」好像感覺較為客觀且中性，比較不帶感情；萬一沒得到或沒發生，似乎有某個第三方必須負責。然而，「我想要」鮮明地代表了「我的」選擇、「我的」立場，所以成敗好壞都只能自己承擔，而這種表態與重量讓很多人卻步。由於擔心萬一沒做到的時候所需承受的眼光，我們開始畏畏縮縮，不敢大方承認自己內心深處想追求什麼，或者會因為什麼而得到深層巨大的滿足。

我的第一份工作月薪是兩萬五千元，扣除有的沒的費用，剩下兩萬三千多元，上繳原生家庭幾千塊，每月剩下一萬多元的生活費，哪有辦法存錢呢？更辛苦的，是沒有希望感。最大的期盼是下個月薪水趕快入帳，這個月少收到幾張紅白帖。我不敢貿然轉職，因為我覺得「我需要一份穩定的薪水帶來的安全感」。這種「我需要」的感覺，把我卡得死死的、悶悶的，連開心都感覺有個上限。

某天，我突然受夠了這種侷限感，再也不想在一月一日就能算出今年的收入是多少，再也不想為了那一兩個月的年終，就得熬上一整年的卑屈與無聊。「我想要脫貧。」你也許會覺得脫貧誇張了些，但我就是這種心情。什麼是「月光族」？就是沒有千元鈔票可領，只能領出百元鈔票。我發誓再也不會讓自己過上這種日子。

後來，我擔任採購，手握大權，又比現在瘦二十公斤，也還算人模人樣，廠商總說「桃園以北都很順」，嘴巴甜到可以榨汁。我雖然正氣凜然、不畏權勢，但日常生活中難免會享受這種因為職權而帶來的小方便。後來去應徵顧問時，雖然知道這是個需要擔負業績的工作，卻壓根兒沒意識到這件事到底有多難。面試到我老闆的老闆的老闆那關時，是用電話的方式進行，掛掉電話那一刻，我就知道沒希望了。他中文不夠好，我英文不夠好，加上通訊品質不穩定，但這都不是最糟糕的，我認為的零分環節是：他要我賣他迴紋針。我在後來的日子裡，看過許多非洲賣鞋、北極賣冰箱或賣原子筆（那是一個被「華爾街之狼」欽佩不已的人）的故事。但在那個當下，身為曾經被廠商捧在手心上的採購，我根本不懂得什麼是銷售，全程結結巴巴，覺得自己講得爛透了，全世界不會有人想跟我買東西。

我的直屬主管是馬來西亞人，面談結束後，他打電話來關心，我跟他說：「我不覺得我們有機會當同事了。」

他說：「為什麼？」

我說：「因為我賣不了迴紋針。」

他說：「為什麼妳覺得這樣妳就進不來？」

我說：「因為我覺得你老闆的老闆應該不覺得我夠格。」

他說：「但我才是決定者。」

那是第一次，我意識到外商公司所謂的「授權」，以及原來一個有擔當的主管是這麼一回事。果不其然，我竟然被通知去上班了。進公司後，我發現我的貴人主管其實不是當紅派。我從旁觀察的結果，是他不太跟人打成一片，先不說他是否有意願，但基本上他與人的溝通是不太順暢的，因為他智商一六三，講話很跳躍，通常只講第一三五九句。不過，我們之間沒什麼理解上的障礙，加上我是菜鳥，辦公室鬥爭還燒不到我身上，我就是專心做我的案子。

那時候，業績是以一季來計算的，每一季不管達標與否，當下一季一開張，一切便從零開始計算。一年有四次充滿希望的機會，差不多要志得意滿或舉手投降時，每一季最後一天的半夜十二點一過，又是新的一局。那幾年的過程帶給我十分扎實的身心磨練，除了隨時掌握業績的位置、對餐盤裡進了什麼或掉了什麼極為敏感之外，最重要的，是培養出**承擔輸贏的韌性**。在一場又一場的數字遊戲中，我認識到「好與壞都不會持續太久」的道理。即便公司大肆表揚了你的最佳實務（best practice），也不過就是風光個幾天或幾週，或者，了不起會飛去幾個國家巡迴分享一番。反過來說，覺得自己萬事不如意、衰神纏身時，過了三個月，風水也總會輪回來，好運會開始一點一滴再竄回日子裡。

我待過的每間公司都是不同產業，每次都是放下積累的知識人脈，捲起袖子，從零開始，一路向上爬到高點，又換個跑道，繼續從頭再來。這些都不是被迫的，而是心甘情願的選擇，因為我所有的成績都是原公司滋養的，我不願帶槍投靠敵營。過去吸收的養分，早就決定了我的枝幹能抓地多深，樹葉能長得多濃密。這些一次又一次放下與重新來過的經歷，讓我變成一個勇敢的人，使我培養出一種勇氣，不會因為緊抓眼前成果而捨不得放手，而且，儘管對未知感到惶恐，卻不至於不敢前行。這些鍛鍊，實在是老天爺給我最好的禮物。

勇敢不是一種態度，而是行為。**勇敢不是虛無縹緲的態度，而是在一件又一件的事件中，呈現出來的選擇與行為。**

勇敢說要。

勇敢說不要。

勇敢說我不懂。
勇敢說對不起。
勇敢說愛。

成功是需要設計的，跟自己建立「未來誓約」

我們全家人的保險幾乎都是跟同一個業務員買的，二十多年來，他見證與陪伴我們家人的成長、婚娶、病老、育子等各個人生階段。從我還是月薪兩萬多的社會新鮮人，只繳得起最低壽險與醫療險，到現在可以買儲蓄險或其他理財商品當作退休金；他是我們的老朋友。

這位保險業務員非常厲害、聰明、殷勤、誠懇、得體，雖說互動中免不了產品的推銷，但不至於讓人感到被強迫或不舒服。他年紀輕輕就擁有數間房產，存款更有八位數，還擁有一雙極為優異的兒女。新冠肺炎爆發那一年，他的兒子考上加州大學洛杉磯分校（UCLA），女兒則到新加坡留學。他給我看了女兒傳來的影片，女兒興奮地說這學期考了第一名，話鋒一轉又說道，下學期要變得更厲害。正當我還在疑惑，都已經是第一名了，要如何變得更厲害？他女兒便眼睛發亮地說：「我要科科滿分。」所以，確實是有這種孩子的，並不是父母逼迫，而是自己想要成為人中龍鳳。我也看過他與兒子的互動，就像朋友般打打鬧鬧，有商有量。

這位朋友印了一篇文章給我，說明儲蓄的本質，是學習如何在人生時間的維度上取得消費平衡。其中許多理論與舉證其實並沒有特別引起我的注意，但有一句「設計自己的成功」卻打中了我，它講的是存錢致富的概念，我卻覺得套用到人生中或職場上也毫無違和感。

繼續舉這個朋友為例。他說，很多人的儲蓄方式都是月薪減去花費等於存款，但若你真的有想達到的儲蓄數字，或者有想要實現的夢想，就應該為了這個目標，用月薪減去目標儲蓄數字後，才是你可以支配的金額。他從二十幾歲時就徹底執行這個基本守則，直到可以支持自己與家人的夢想。他擁有的一切，不是因為過人的運氣，也不是因為父母庇蔭，他說：「我只是**知道且做到**而已。」

我是這麼套用到職場上的。剛開始接觸教練這個職業時，我不是因為迷上教練這個「拉力」，而是當時的工作讓我產生極大的厭倦感，有著巨大的「推力」。但我畢竟不是初出社會的人，上有老下有小，不至於一時衝動、帥氣地說聲「老娘不幹了」，就拍拍屁股走人。我那時在思考，若我希望在某個年紀後開啟第二人生，那麼反推回來，我每年應該或可以做的事是什麼？

我對自己進行了盤點：

- **我的優勢是：**真誠、反應快、勤奮、組織力強、善於溝通。
- **我的劣勢是：**衝動、脾氣差、毅力差、沒企圖心。
- **我想要的是：**感覺人生有意義，且不被金錢綁架。
- **我不想要的是：**辦公室鬥爭、沒有時間自由。

盤點完之後，便能跟自己簽訂一份「未來誓約」。工作者都知道簽合約的重要性，因為合約上會載明某段期間、簽約者需要完成的義務，以及享有的權利。透過白紙黑字的建立，使自己或對方有意識地朝著當初達成共識的目的前進，並且完成目標。簽約這種儀式感，當然也可以用在自己身上！讓這份合約成為你的有利槓桿，翹起你人生的可能性。你將因為對這個誓約的承諾，而不畏懼去跨越過程中所需面對的改變與挑戰。

我生平無大志，沒有什麼非得實現不可的事，但我很熱衷於看到他人因為我的介入或陪伴或引導，而去到一個新的層次。我可以很清晰地知道他或她開竅的時刻，因為他們的眼神會發光，行動力會變強。在職場打滾的前二十年，我的年薪還不錯，但無法累積，因為工作的辛苦與過度耗損，總會讓自己找各種理由進行報復式消費，一來一往間根本存不了錢。人生下半場，我想要意義，也想要財務自由。

你得先足夠相信、也足夠想要這樣的未來，才有機會想出能實現這個目標的方法。於是，認認真真地思索後，我發現教練、講師、顧問這種工作的性質很適合我。找到這個靈感後，我便開始設計成功的發展路徑，最後，我跟自己簽下了「未來誓約」：

- **立合約者：**賴婷婷（甲乙方都是我）
- **合約目的：**創造有意義且自由的人生
- **合約目標：**五年後開啟第二曲線
- **可用資源：**豐富的經驗（我的相對優勢）
- **目標客群：**規模兩百人以下的新創企業（我最適合的族群）
- **最適服務：**帶狀課程與長期專案（我期待的工作狀態）

我照著上述的盤點與規劃，逐年學習及鋪排，直至成了全職教練與講師。**不用尋找天命，天命會來找你；當你走在天命的路上時，你就是會知道。**我的真誠讓我在做教練時很容易破冰與取得信任；我的組織力很適合撰寫與整理出有條有理的教案；我的溝通力讓我在跟不同行業的人對話時，能有效取得共識。至於我的劣勢，在這樣的工作組合中，也能被淡化到最低。最最最重要的是，我能成為時間的主人，我開始能來一趟說走就走的旅行，我逐漸能體會與享受過程，而不只是一個追著目標跑的機器；這是過去的我想都不敢想的生活狀態。**只要你願意開始設計，就一定能以某種形式更靠近你所想要的未來。**

人生就是你所有做與不做的總和呈現

對於一個記憶力不太好的人來說，有圖有真相很重要；照片能讓我記得自己見過誰、去過哪裡、某一刻曾經對什麼事物有感覺。某個帶來支持與鼓勵的對話截圖，某個想記取的教訓，都好好地歸類在不同的資料夾裡。

我有一群學生時代的朋友，只要大家聚會，我便會央求拍照。二十年前可不像現在的時代，數位照片愛拍多少就拍多少；那是需要去相館沖洗照片的年代。不過，我至今仍然數十年如一日地將照片沖洗出來，發送給大家。現在大家都有點年紀了，看到過去青澀的自己，那些很有年代感的穿著打扮，總能讓自己從庸庸碌碌的日子裡暫時解脫，與過去的年少輕狂和風花雪月連結，嬉嬉鬧鬧一番。

女兒出生後，我更是成為那種瘋狂記錄的媽媽，有很多同樣時間和地點拍的照片，我經常難以取捨、選擇通通留存，因為這張照片有露齒笑，那張照片有怪表情，還有一張風吹起她的頭髮，實在難得。我先生對這樣的行為非常不以為然，我則自顧自地買了5TB的空間存放照片與影片，還有一堆女兒口齒不清的唱歌影片，或是母女針對某些主題的對話音檔；我就是想通通都存下來。當女兒到了看得懂符號文字、能清楚表達想法的年紀後，有一天，我們正一起觀看她幼時的紀錄影像，她突然說：「我變得好棒喔。」我問她為何這麼說？她說：「我本來連抬頭翻身都很吃力，現在還可以參加大隊接力；本來講話臭奶呆，現在竟然得過英語演講比賽第一名；我本來都看不出自己在畫什麼，現在妳還把我的插圖貼在妳的電腦上。」回顧過去竟能讓她衍生出如此正向的自我肯定，真是始料未及。還有一次，我們一起觀看過往影像時，她突然眼眶泛紅地看著我說：「媽媽，妳從小就好愛我喔。」她懂。即便許多畫面裡只有她與爸爸，但她能從忙著拍攝的我的聲音裡，感受到我對她的愛與在乎，這真是讓我開心得要掉下淚來。

在職場上，我開會時非常喜歡寫白板，沒白板就拿廢紙寫，這是從顧問公司學到的方法，因為所有人會被迫照著你書寫的節奏與內容前進，你將更有機會完整傳達自己的意見。當上主管後，每天都有非常大量的對話對象與資訊，以及大小會議中臨時發想出來的任務或想法，因此我更喜歡、也需要透過筆記來追蹤進度，或回想起上次達成共識的結論。當然，離開了某間公司或某個時空後，很多內容已不再重要，例如為了拿下某個案子的沙盤推演細節、為了開店所列出的採購清單、為了提升效率而一改再改的標準作業流程。連續多年來，早上七點出門，晚上十一點回家，導致壓力榨乾我的腦力與體力，要不是留著一些筆記本或會議截圖，我幾乎記不得那個專注投入工作的自己，是多麼值得肯定。

看到募資方向與策略的筆記，那些公司估值與每股溢價的算法，讓我想起有能力處理複雜問題的自己，以及拿到第一筆注資的那一天，我的欣喜若狂與驕傲感。

看到熬夜趕製出來的某個標案的大綱草稿，感到不可思議。原來全力以赴的自己能擁有這樣的爆發力。

看到為了協助某個部屬的自我認同議題的筆記，那些一層又一層的抽絲剝繭與引導，讓我再次感到欣慰。原來為了在乎的人，我可以變得有耐性、有溫度，我不只是一個只懂得轉緊團隊以求達標的人。

真正回頭看照片或筆記的時間其實不多，但這些紀錄為我的人生帶來美好與完整感。回想過去，不是為了沉溺舊時繁華或傷痛，但很多時候，我的確會想要**對走了這麼遠、這麼努力生活過來的自己，說聲謝謝**。我想要的，就是這種扎扎實實知道自己走過來的感覺。

「你若精彩，天自安排。」我非常喜歡這句話，甚至將之設為通訊軟體的問候語。我從中得到很大的能量與慰藉，明白自己只要負責精彩就好了，老天爺必定會為我安排合適的道路。

PART 2

對人的敏感度

「聽不見音樂的人都認為跳舞的人瘋了。」

——尼采

對人的敏感度，關鍵在於看見對方「整個人」。

我們太常以鴕鳥心態去面對與處理自己及他人所呈現的行為，卻閃躲或漠視應該要花費更多心力去看見的底層觀點與需求。日復一日，持續著自己與他人的無效互動。就像房間裡的大象，明明知道有些東西應該要被看見，卻刻意視而不見，一廂情願地縱容著自己的緘默與無所作為。

對人敏感，不只是諮商心理師等專業身分的人才需要擁有的能力。因為人無法獨立存在，我們每天都在主動或被動回應各種人際關係所衍生的思考與行為。你越願意花精神去釐清他人沒說出口的期待值，就越有機會創造清澈且和諧的人生。

CHAPTER

01 對行為敏感——人的行為，是底層信念系統的表層呈現

你心中隱晦的尺，其實他人都看得很明白

我大學畢業後第一年，有天早上，悠遊卡剛儲值完一千元，當我要掏錢買二十五元的蛋餅時，卡片就筆直地穿越鐵網，掉進我腳下的排水孔。不幸中的大幸是，排水孔的汙泥堆積嚴重，悠遊卡就掉在黑泥上面，離地面約七十公分，這真是近在咫尺又遠在天涯的距離。對那時的我而言，一千元是個不大不小的數目，不至於因為一千元活不下去，但也不是掉了一千元卻能完全無感的程度。我伸手試圖移動鐵網，但鐵網動也不

動。蛋餅店老闆看我呆呆地望著地面，說道：「東西掉進去喔？」我哀怨地說：「對，剛儲值完一千元的悠遊卡。」老闆是個穿著泛黃汗衫的中年男子，馬上說：「我幫妳拿。」我說：「不用啦，排水孔蓋應該打不開。」他說：「那我去拿『家私』。」然後，他風也似地敲敲弄弄，沒一會兒就把卡片拿給我了。我連忙道謝，他說：「一千塊耶，要賣好幾十個蛋餅，妳就當作今天賺到好幾十個蛋餅。」對於他的人生是以蛋餅數量做衡量，我覺得很有趣，也深深被感動。他一定沒意識到，我不只是因為失而復得而感動，更是因為他的單純、他的同理、他對陌生人毫不遲疑的出手相助，讓我看見人性的美好與善良。

前幾天，我在捷運站儲值了一千元，後面有個小姐站得離我很近，我的眼角餘光還瞥見她的米色紗裙及白色高跟鞋。儲值完後我就離開了，還去捷運站的美食街吃了盤蛋炒飯，心滿意足地準備回家……等等，我的悠遊卡呢？我赫然想起剛剛忘在儲值機上了。我第一時間是覺得算了，就當作捐了或掉了，但是，我已經沒有下一個會議要開，而且走回儲值機那邊只要兩分鐘，於是我走回去，但卡片果然已經不在了。我覺得是意料中的事，就到服務台再買一張，順口問了一句：「請問有人撿到悠遊卡嗎？」服務人員說沒有，但她很熱心地詢問我的儲值時間，說要幫我調監視器紀錄。接著，我在監視器裡看到那位穿著米色紗裙的年輕女孩，就是我那台機器的下一個使用者。我幾乎可以確定是她拿走的，因為她得把我的卡片移開，才能進行儲值。她可以馬上回頭叫住我，但她沒有；她選擇留下我的卡，或至少悶不吭聲。我已經過了會為丟失一千元而哀怨的年紀，但我有點感慨。一千元就出賣了一個人；一個人的做人處事原則與慣性，一千元就能使其無所遁形！

我在獵頭公司工作時，有一個招募總經理的案子，那時有一名職位是副總裁的候選人，儀表堂堂，談吐得宜，面試已經進行到第三關。結束後，我打電話詢問客戶的回饋，他們說感到有些疑慮。我追問疑慮是什麼，他們說面試結束時，該候選人問總機人員是否有免費註銷停車費，總機說沒有。事情至此還無傷大雅，重點是他發現沒有辦法註銷後，便微微抱怨為何如此大的公司竟然沒有想到這樣的配套，一點都不體貼細膩。客戶說：「總經理需要有高度與格局，有時可能也必須為長遠大局做出一些短期的犧牲，但這位候選人在乎的重點很小，甚至因為這樣的事就發了脾氣。見微知著，以後他帶領團隊時是否能保持足夠的尊重、維持足夠的專業與素養，我們對此存疑。」

那時我還沒當過總經理，雖然聽了客戶說的，但沒聽懂，只覺得客戶未免太小題大作。但後來，我擔任過好幾次總經理，加上與大量公司的主事者互動後，才終於明白了這個道理。主事者的尺，真的不是別人為你畫的。**你自己心中的那把尺，到底在哪裡？**假如你做的決策造成失誤，你會選擇怪東怪西，還是概括承受？你聽到一些未經求證的資訊，發了頓脾氣，而你在知道實情後，才明白自己錯怪團隊，那你會選擇裝聾作啞，還是坦誠道歉？你去國外出差，跟團隊共用晚餐後，繼續在同一家餐廳約了當地朋友多續兩杯，你會不會費事地請服務員開兩張發票，只申報第一攤的費用？

有些自己創業的朋友或客戶，當公司規模大到需要開始有副總、某某長的存在時，便會來問我：「該怎麼評選高階人才？」我會說，多互動幾次，除了正式面試，也要安排非正式的面試，例如用個簡餐；可以的話，也安排核心團隊跟這位潛在人選碰面。你可以在不同的情境下觀察對方如何跟關係人或陌生人互動，因為所有的行為都是某些底層觀點或信念的表面呈現。不要忽視自己的直覺，大家都是有經驗的人，因此這些「感覺怪怪的」地方，當互動時間變長時，通常會「感覺更怪」，也會直接影響你與這個人的互動及互信。倒不是說跟你擁有不同信念系統就是錯的，我想提醒你的是，你們是否能長期配合？高階經理人加入公司後，若要做出績效，好歹需要半年或一年，這段期間你得想辦法管好自己的嘴、綁好自己的手，試圖給這位高階主管發揮的空間。但是，當他的方法不管用，或跟目前的團隊合作不來時，直接走人的情況也不少見，而這對公司造成的傷害，比執行層次的人員大上許多倍。所以，寧願在一開始就花上這幾場觀察的時間。

看懂期待之後再「回應」，而不只是自動化「反應」

我曾經從一位脫口秀演員李誕的口裡聽過一個詞，叫做「社會笑」，意思是指當人感到尷尬、爭辯不過、被抓住小錯、想要維持客氣的禮貌關係時，就會出現一種「社會笑」，作為自嘲或串場用。我覺得這真是個很貼切又有趣的形容詞。我有點好奇，「社會笑」的人，知不知道自己在「社會笑」？這是本能反應，還是有意識地因應眼前氣氛所呈現的回應？

我很喜歡奧地利心理學維克多・弗蘭克（Victor Emil Frankl）的一段話：「在刺激與回應中間，有一個空間，在這個空間裡，我們擁有選擇要做出什麼回應的力量。在我們的回應裡，我們成長並得到自由。」

我第一次看到這段話時，並沒有特別的感覺，那時還汲汲營營、庸庸碌碌地玩著別人為我安排的道路與遊戲規則。對於自己更細膩的狀態，不論是思緒、情緒或行為模式，我沒興趣、也沒能力覺察。後來，因為自己崩壞（burn out）過，開始需要與想要理解自己真正的意念與能力到底在哪裡，就開啟了大量的探索與學習之旅。弗蘭克這段話再次出現在我眼前時，我正好在學習區分「反應」（reaction）與「回應」（response）。當事件發生時，我試著做到不自動化地給出反應，而是經過思考過程，再做出回應。即便最終動作看似是一樣或類似的，但經過暫停與反思後，對於做出動作時的投入程度，與做出動作後的結果承受，甘願度都會比較高。

後來，我便掌握到這個方法，使自己做出更多「回應」，而不是「反應」。有五個步驟：

一、暫停

我們每天要處理的事情多如牛毛，腦筋動個不停，所以要先打斷這個自動化的忙碌，轉化一下，告訴自己進行暫停的目的：「我想暫停一下，為自己的行為與決策做出更有品質的判斷。」

二、看見自己的狀態

你可以問自己：「我現在狀態如何？若以一到十分來評分，我會給自己現在的狀態幾分？」若分數已經滿高的，就可以進行第三步驟；若自評分數低於五分，就可以重複第一步驟，深呼吸幾輪，為了實現第一步驟的目的，重新刻意選擇一個較好的狀態。

三、覺察自己的模式

有很多元素會形塑一個人的觀點，包含小時候被灌輸的教條、社會塑造的規範、人生經驗裡無形中為我們捏塑的信念，以及我們對自己或未來的期待所選擇的價值觀。我們的大小決策都深受自己的觀點所影響，差別只在於我們有沒有意識到。要成為決策的主導者，就要掌握我們決策的思考路徑是受到哪些觀點的左右。當觀點長時間被落實在行為呈現上，就成了我們的模式；我們總會有一些有意識或無意識的模式，在日常與壓力下影響著我們。

四、確認自己的期待

帶著好奇心，看見自己呈現出來的情緒或行為，事實上究竟是要滿足自己的何種期待。期待有三種：自己對自己的期待、自己對他人的期待、他人對自己的期待。當期待的欲求未被滿足時，就容易出現挫折、焦慮，進而說出不適當的話、做出不適當的行為。

五、選擇回應的方式

這是你基於對自身狀態、模式與期待值的理解之後，經過思考後才選擇的行為，是你有主導性且願意負責的。經過一段時間後，若你都能有意識地選擇回應的方式，就會發現自己無意識的情緒反應變少了，對自己人生的支配感提高了。

我有一個老闆非常有創意，行動力也非常強，想到的事絕不等待，會馬上去做，因此他不明白（可能也不想明白）為何員工的速度這麼慢。有一次，剛跟他開完兩小時的會議，他去上個廁所回來後，問我：「進度到哪裡了？」我其實算是做事速度很快的人，但聽到這句提問，真的也不免覺得有事嗎？我一直在跟你開會，哪有時間去做這份報告或打這通電話呢？這樣風風火火的老闆，少則一週，多則一個月，一直都會產出新的專案。我是總經理，是所有資訊集散與資源配置的中心，面對他排山倒海而來的發想，實在疲於奔命，因此很多時候就是不假思索地回覆：「沒有多餘的錢做這件事。」「你覺得我們誰有餘力做這個案子？」想必我的臉色與語氣都帶著明顯的不耐煩與抗拒。

但冷靜想想，他又何嘗不是有苦難言呢？散盡家產、借貸無數，只為創業，每個月得付出一筆又一筆的巨額現金，卻不能想幹麼就幹麼。憑心而論，如果是我，絕對做不到。這位老闆給我的信任、支持與空間，是歷任老闆之最，那我為何不能至少在互動上為他多做一點呢？於是，我練習對他的「許願」，多一點「回應」，而不是自動化的「反應」。我運用了前述的五個步驟：

一、**暫停**：深呼吸，跟他說：「我研究一下後，再找你討論。」

二、**看見自己的狀態**：我的焦躁來自於我的壓力，使我根本沒有認真思考他的提議的可能性。

三、覺察自己的模式：資源不足限制了我的想像，使我陷入「解決問題」的模式，而沒有心思去「創造價值」。

四、確認自己的期待：那段時期，比起創造營收，節省成本可能更加占據了我的心思，但兩個方向都是重要的，因此我和老闆的目標其實是一致的，我們都希望公司變得更好，而他也不可能拿自己的品牌與金錢開玩笑。所以，我應該要更開放地認真研究看看，若是個機會，就重新規劃資源；若可行性極低，至少會有邏輯與道理來支撐我的想法，而不是一味忽視他的想法。因此我的期待其實是，他在丟出各種五花八門的想法時，可以先看見與肯定團隊（還有我）的努力，多做點說明和引發，而不只是一個指令下來就期望事情自動發生。

五、選擇回應的方式：我需要且能夠做的，就是跟他表達我的期待，而不是充斥反彈的情緒。

這樣的互動模式，確實使他的（和我的）情緒平穩很多，即便以結果來看，我們還是沒能進行那項創意提案，但是，透過「回應」而不是「反應」，會使自己與對方都更容易接受某個決定、情境或行為。

反應的焦點在自己，回應的焦點在對方

在私募基金公司上班時，我才認識查理・蒙格（Charlie Munger）這個人，並對他與華倫・巴菲特（Warren Buffet）超過五十年於公於私的好情誼感到羨慕不已。我看過一段敘述，大意是說巴菲特極度熱愛他的工作，每天他最開心的事，就是騎著單車、吹著口哨前往辦公室。到了辦公室，跟蒙格點個頭示意早安，然後兩人都專注看自己的書，直到需要或想要對話為止。這種信任、默契感以及這個畫面，深刻地停駐在我的腦海裡，我認為擁有一個（或不只一個）能全然信任與尊重自己意見的夥伴，是很幸福的事。

我也有這麼一個超級好朋友，直到執筆的現在，我與她相識的時間，已經遠超過不認識她的歲數，算算已超過三十年了。她在我的人生中就是扮演這樣一個重要的角色，給予我陪伴與回饋。當我遠在法國念書時，她會用她拮据的零用錢，每週不間斷地寄信給我（那是個沒有電子郵件或臉書的年代）。我很能收下她的回應，因為當她給我回饋時，我完全能感受到她的善意，她不會只是說些合乎常理的、輕率的、由她的視角看到的資訊，而是把我的想要與擔憂考慮進去。例如，當大部分的人都在羨慕我的工作或收入時，她卻認為我應該什麼都不做，好好休息一年，這樣我才能為自己的夢想打拚更久。

以「平衡回饋法」，協助你想看到的行為與目標發生

所謂的「病識感」，指的是對自己所患疾病的認識與接受的程度，包括真實病況的

原因，而不只是選擇相信自己願意接受的疾病訊息。生理方面的疾病是很容易覺察的，因為不舒服感十分清晰明顯，會造成日常生活的不便。然而，心理的不健康卻不是那麼顯而易見，當事人不見得知道自己的運作哪裡出了問題，當然也不會知道該怎麼對應處理。抑或是雖然有些症狀已經對自己造成影響，但當事人會漠視病徵，以「我只是失眠」、「應該是最近太累」、「不要想這麼多就好了」等理由來說服自己，而這有時會發生在非常有自信的人身上。

這讓我聯想到，許多人不滿意眼前的狀態、關係、成果，但卻無法**覺察自己的行為與目標的連動性**；在遲遲無法實現目標時，還是一股腦兒地依賴舊的行為與模式，試圖藉此創造出不同的全新結果。好的習慣堆疊才會導致好的結果，這是很簡單的因果邏輯，但他們卻沒有這種「病識感」。

這時候，身為他們主管或夥伴的你，若能及時地給予中立的回饋，讓他們擁有資訊去覺察或對照，想必會非常有幫助。因此，我們每個人都要鍛鍊給予回饋的能力。因為即便你有為他人著想的美意，也是需要技巧的輔佐，才能讓你的意圖與意見都更容易被接收。特別是擔任主管角色的人有著默認的權威，說出去的話語，不論是好聽或難聽的，總會被放大解讀，所以，掌握良好的回應技巧簡直刻不容緩。

這裡想做個區分，「建議」與「回饋」是不一樣的，「建議」是你覺得自己的意見或做法比較好，而你希望對方照著做；「回饋」是透過提問與觀察，使對方對自身的思考與行為更有覺察，而對方對於最後要採取什麼行動是有主導權的。若你其實想要對方按照你所說的去執行，就別將建議或指令包裝成回饋；回饋的空間與彈性度是比較大的，你會願意尊重對方的選擇。教練課程中有個說法，叫做「鏡映」，意思是指教練的責任是如鏡子般中立地、讓看鏡子的人看清楚自己的狀態，進而決定要採取哪些調整，使鏡中人看起來更好。教練的工作，就是在相信對方的前提下，透過精準的提問技巧，使對方提高潛力的發揮，降低不必要的情緒或資訊干擾。教練課程中還有個「啊哈體驗」（Aha），意思是當人們瞬間得到某一個驚喜的感受，或體悟到某個環節被打通時，其所帶來的動能，遠比被說教兩小時來得深刻且持久。若要協助他人創造出這樣的時刻，透過引導與回饋是最有可能發生的途徑。

擔任主管職的人，或許不見得能做到完全中立，但要盡量在對話中讓團隊成員擁有主導性，以敦促他們對於自己所表達的言語與承諾的行動負起責任。關於「回饋」這件事，我想分享一個簡單好用的工具——「平衡回饋法」，做法有三步驟：

● 第一步：做得好的部分

與對方分享你於過程中看到的優秀表現，盡可能具體舉例。例如：「你聽取建議後快速修改了報表，最後也如期完成，做得很棒，謝謝你。」

● 第二步：可以做得更好的部分

文字的選擇是很微妙的，看似是差不多的意思，但換個字眼就會引起非常不同的感受。當你對部屬說「我覺得你在這個過程中做得不好的地方是……」，聽到這兒，人性通常就會產生不舒服的感覺；脾氣比較硬或開放度不夠的成員，大概會開始進入自己的負面漩渦裡，不太想聽你繼續說下去。倒不是要主管去討好部屬，因為該給的建議還是要給，只要轉換一下字眼，改成「我覺得你可以做得更好的地方是……」，部屬就容易聽得進去。因為人們有著趨吉避凶的天性，情緒是把鑰匙，當意識到被否定時，潛意識會自動開啟保護模式。

- **第三步：下一步是？**

有了平衡資訊之後，當然還是不夠的，必須同步反映到成果上。所以，記得做學習總結，使對方具體承諾要調整、新增、減少哪些行為。

真誠無價，我的真誠使我在進行平衡回饋法時，可以相對容易讓對方收到我希望他們變得更好的心意，而不會讓他們有過度負面的聯想。但是，真誠不等於魯莽。**即便你的立意本善，也要懂得搜集具體資訊，以適當的語氣提出回饋，並且讓對方有表達的機會和內化的時間。**

平衡回饋法適用於多種情境，可以在平常的進度或目標追蹤時使用，不要等到時間過去或專案結束後才做這件事，以免讓雪花滾成大雪球，屆時就很難處理了，而且還可能對個人或團隊造成破壞性的影響。在自己或他人期待調整某些慣性時，也可以透過頻繁地做平衡回饋，讓自己或他人看見目前行為與目標的連動關係如何，再透過持續調整行動組合，最終長出心中想要的行為或特質。

CHAPTER

02

對情緒敏感——可以理解情緒，就可以掌握人生

這世界似乎有些約定俗成的偏好，例如：外向者比內向者受歡迎、會讀書的人比不會讀書的人有前途、很會賺錢的人比不會賺錢的人成功。然而，過猶不及或盲目地推崇某些特質或行為，也產生了一些誤區。比如，理性的人在職場上似乎比感性的人吃香，理性分析與表達的方式成了王道。久而久之，理性的人越來越不懂得自己的感受，感性的人也越來越不敢顯露自己的感受，情感的流露似乎成了情緒化或弱者的象徵。

其實情緒是非常強大的動能，不論是正向創造結果或負面毀滅現況。生氣有什麼不對？人又不是機器人，對於專案的進展不滿意，或對其他成員的做法不贊同，只要對話

中不涉及人身攻擊，或者不是因為A事件而遷怒到B事件，都應該要能自然呈現自己的怒氣。但重點是，不要沉溺在情緒中太久。

「情緒粒度」不同的人，會以不同的觀點、角度與方式來理解世界

有一個心理學名詞叫做「情緒粒度」（emotional granularity），指的是辨別自己與他人的情緒的能力。「情緒粒度」不同的人，會以非常不同的觀點、角度與方式去接受刺激，以及理解這個世界。「情緒粒度」是由兩個維度建構而成：一是情緒的感受，二是情緒的表述。前者是看不看得到，後者是說不說得出來；看不到自然說不出來，但看得到也不一定說得出來。

「情緒粒度」大的人，對自己與他人的感受意識較薄弱、表達情緒時較籠統含糊；

反之，「情緒粒度」小的人，能夠敏感地覺察到自己與他人情緒的微妙變化，也能以精準的言語描繪出所感受到的一切，甚至能辨識出造成情緒的起因與影響的元素。舉例來說，情緒粒度大的人產生憤怒情緒時，可能會感覺自己籠罩在一種憤怒氛圍中，但不見得有辦法區分自己的憤怒是來自於自己、還是他人的不舒服。他們或許只能持續表達自己很生氣、非常生氣、生氣到不行，但無法細膩地看見憤怒中可能夾雜著震驚、困惑、委屈，而這些不同的情緒，事實上都是出不同的底層信念所引發的。

「情緒粒度」的大小沒有對錯好壞，除非你的粒度干擾到你的人際關係或日常生活，比如說，你的「情緒粒度」大到你總是看不懂也聽不懂他人的反應，造成高頻率的摩擦與誤解；抑或是你的「情緒粒度」小到你無法忽視任何一點細膩微小的語言或非語言訊息，造成你戰戰兢兢、如履薄冰。

就我自己來說，我的「情緒粒度」是小的，能看見與看懂他人的微表情、說話語氣，以及語言背後的意圖。但那是我後天刻意鍛鍊出來的，因為工作的關係，使我必須對資訊有更細微且立體的掌握，因此，我選擇好好觀察與聆聽，刻意學習許多情緒的詞彙，將行為反應與情緒連動，「情緒粒度」才得以變小。若以這樣的角度來看，或許也有人因為必須忽視大量的雜訊聲音，才能專注在需要專注的地方，而去刻意鍛鍊較大的「情緒粒度」。

以「我訊息」有建設性地表達情緒與期待

我認識一位女性，是個「富二代」，長相好、身材好、學歷好，重點是性格也不錯，不是一副嬌滴滴或不食人間煙火的樣子。任何人都會覺得她是人生勝利組，但她有一次對我說：「我失去愛人與感受的能力了，怎麼辦？我過去收到太多回應，說感性是脆弱的表徵，情緒會給他人帶來困擾，所以我習慣壓抑與抹滅我的感覺，我變成一個得體卻冰冷的人，不會生氣，也不太會悲傷，但我知道自己把快樂的通道也關掉了。我不想再這麼活著了，我想要體驗自己，也想要與他人連結，可是我不知道那是什麼感覺，我感覺不到……。」她很難過，我也是。眼前這個看似什麼都有的人，事實上卻什麼都沒有。

我問她：「妳有心理準備嗎？妳過去花了多少時間漠視妳的感受，可能就得花上對等的時間才能喚回妳的感受，妳願意嗎？」

她點頭：「我覺得自己就像是《綠野仙蹤》裡的錫樵夫，我在找心。」一個沒有心的人在找心，好悲傷的畫面。

我說：「妳可以這樣開始。先學著認識自己的情緒，準備一張紙或電腦表格，橫軸標題是喜、怒、哀、樂等情緒，縱軸是日期。然後，開始從日子裡去辨識，哪些事情或對話使妳的能量提高，哪些事情或對話使妳的能量下降等等。當妳更懂得辨識自己的感受，就更有機會懂得他人的感受，進而與人或環境連動及連結。」

人之所以為人，就是因為有七情六慾。有期待，就免不了失望；有愛，就難免受傷。所以，當負面情緒出現時，最不應該做的，就是漠視與壓抑。這裡有個重要的提醒是，要在心態上看見自己的情緒，並且面對自己的情緒源，但行為上則可以持續鍛鍊，採取更有效的方式來處理與回應自己的情緒。請不要無限上綱認為不該壓抑自己的情緒，就肆無忌憚地到處情緒勒索他人。

我在講述「溝通」或「衝突管理」的課程時，會帶到一個叫做「我訊息」的工具，是一種相對負責任、帶有合作感的表達方式。「我訊息」有四個步驟：

一、具體描述對方的行為
二、說出自己主觀的感覺
三、表達自己的觀點立場
四、提出具體的改善作為

假如濃縮成一個公式的話，是這樣的句型：「**當你**……**我感覺**……**因為**……**我希望**……。」

舉例來說：「**當你**在最後一刻取消我們的約定，**我感覺**很失望，**因為**我變成孤單一人，也來不及規劃其他行程。**我希望**以後你可以提早告訴我。」比起說「你又來了，不能早點講嗎？你的時間比我的寶貴嗎？我活該要被你浪費時間嗎？」，這個「我訊息」更有機會被對方接收到。

再舉個例子：「**當你**皺著眉頭跟我說話，**我感覺**很不舒服，**因為**我會認為你討厭我或有什麼話沒說出口，**我希望**我們可以真誠透明地溝通。」比起說「你是吃錯藥嗎？講話有必要臉臭成這樣嗎？我是欠你錢嗎？」，前者的訊息帶有更深刻的溝通意圖。

「我訊息」這個工具之所以好用且強大，主要是因為以「我」為主體的表達，能避免以「你」發話時的責難或批判感，也能避開造成對方想要反擊的情境，那會造成有溝沒通的結果，反而使關係惡化。再來，是因為它的表達順序與完整性：第一步說出事實，降低對方啟動防禦機制的機會；第二步是述說自己的感覺，感覺是沒有對錯的，對方也沒有道理不認同，而且花時間表達情緒之後，人會瞬間變得冷靜一些；第三步則說明造成自己這種感受的原因、信念、理由，不要讓對方瞎猜，而是藉由事件讓雙方更理解彼此的看法與立場；最後一步很重要，卻是許多人會忽略的，就是要說出自己到底希望對方怎麼做。很多時候，我們都以為對方「應該」知道我們要什麼，但這正是最大的誤判，也是導致同樣行為一再發生的原因。

有人認為這樣有點饒舌、好像不太自然，話雖沒錯，但就因為這並不是一般的情況，負面情境或感受已經發生，所以才需要使用不同的溝通模式、語氣、用字，試試看能否縮短不愉快的時間。不然若繼續玩你丟我撿（或不撿）的遊戲，這樣的不舒服要拖多久？

「我訊息」有個延伸版，可以用於引導他人，例如：「**當你**提到你父親時總會眉頭深鎖，**我感覺**你有些壓抑，是**因為**什麼呢？」當你成為鏡子，映現對方的狀態，與對方一起探索那些對方在自動化的反應下、也許沒有覺察到的資訊，會是很有意義的一件事。

同理與同情，最大的差別是對方收到後的反應

什麼是同理心？我曾看過其中一種定義，認為同理心是「能夠在第一時間預測、理

解、接受他人的情緒與狀態」。

有一次，在某個場合中，引導者對現場每個人的活動呈現給予回饋。輪到我的時候，他給我的回饋是：「親和但犀利，理性但富有同理心。」聽起來很矛盾，但我卻覺得頗為貼切。我對自己的探索與反思習慣已持續多年，然而對於上述四個形容詞中的「富有同理心」，卻不是十分確定。因為我在過往的工作經歷中，某些時刻會被認為沒有同理心、甚至是有些冷酷的，才能那麼理智地處理很多棘手且為難的事。問題是，我也看過很多「體貼」的人，過度習慣於捕風捉影、揣測他意、擔心這個懼怕那個、走兩步退一步（甚至兩步），導致目標與事情變得很難推進，而我完全不想成為那種人。當然，隨著時間過去，我知道這不是一種互斥的特質，並不是所有目標導向的人都不能同理，也不是所有擅長同理的人都成不了事。

其實，我是個很難聊天的人，我習慣的對話一向會有某個需要討論的題目，或需要解決的議題。漫無目的地瞎聊，我還算能應付，但自知有點負擔且吃力。還有，我非常、極度不會安慰人，當某人的至親過世或發生意外時，我真是不知道要說什麼才能讓人好受些，因為我認為這種時候就是會悲傷，也應該允許自己難過低落，不必急著堅強起來。

人們通常對負面資訊比較容易有共感，我自己的專欄文章或各家數位媒體的回應中，相對較不甘願、帶點埋怨色彩的文字，點擊率會較高。我好奇是因為「天下不如意事，十常八九」，所以比較容易得到共鳴嗎？我分析過自己在共感、共情、共鳴方面的呈現如何，發現自己較願意、也較容易與正面的資訊及情緒連結。於是，我覺察到自己有一種情緒與認知，無意識地藏在這些「共」後面，那就是「共業」。我有一種不自覺的假設是，若我與你共享並同意某種情境，那麼我便選擇與你一起面對；而我不見得有辦法或有意願去承接每個與我交錯的人的生命負擔，我必須做出選擇，於是這種不知從何而來的意念，反而回過頭來影響我表達的共感、共情、共鳴。

職場上能夠或應該要做到的同理，到底是什麼？柔和溫婉地安慰陷入困境的人，就是同理嗎？能感受到他人的情緒並隨之波動，就是同理嗎？不拒絕所有跨部門的需求，就是同理嗎？後來，我在布芮尼・布朗（Brené Brown）博士的分享中找到我需要的答案。她研究脆弱、自卑、同理等情緒超過二十年，提出「脆弱的力量」的概念，給了許多人勇氣去接受自己的脆弱與不完美。她有一部《召喚勇氣》（*The Call To Courage*）的短片，我看了不下十次，沉迷於她所闡述的：「唯有卸下盔甲，才能真正同理他人，與人建立深刻的連結。」原來，得有勇氣這個基礎，才能將自己完全打開，進入對方的情緒或世界，卻不至於沉陷其中而難以自拔。

透過面對事件時的情緒反應，使我更理解了自己：原來，當我處於困難的情境或對話中，之所以能呈現出較不害怕尖銳、粗魯、攻擊的樣子，是因為我能體會對方的心境，因此，我可以不回應表相上帶來衝擊的文字或情緒，改為**選擇穿越，而不是卡住**。原來，我**足夠強大，能接受自己不是完美的**，所以不需要透過情緒或言語上的逞強，來撫慰自己不完整或不完美的感受。我因為能理解自己情緒的底層邏輯，而能掌握自己的人生狀態。

同理與同情，看似都是關懷別人，實際上卻是兩種不同的狀態：同情有強弱之分，比較像是我站在你的對面看著你，我比你好，我有資格同情你的遭遇；同理則更像是站在你的旁邊，跟你一起看向你的困擾，感受到你的情緒，體會到你的想法。

其實，同情或同理都是善的、暖的、好的意念的呈現。我認為值得留意的是，同理或同情發生之後，雙方對於結果或立場的解讀。有的人會因為你能體會他的痛苦，便一廂情願地認為你的立場必定與他一致，否則你怎麼可能有如此真切的愁容與關心。他人的情緒與想法不是你能完全掌握或左右的，我們只能不斷地鍛鍊自己的覺察與有效性。當你意識到自己其實並不想與對方持有同樣立場時，要能夠表達出來。

假如對方是個成熟的人，發洩完負面情緒或是被傾聽與同理後，就能冷靜下來、想出下一步，也就不會對你有不切實際的期待。若對方執著地認為你的陪伴與關心，代表你必須不分青紅皂白與他「站在同一邊」，那也沒關係，你可以把這些資訊放在心上，記得這個人的期待值是這樣，如此一來，下次當他又陷入泥沼時，你應該三思自己是否願意給予你的愛與時間。

同理與同情的展現，是為了回應自己真實的信念

在電影《型男飛行日誌》（*up in the air*）中，男主角的工作是飛到世界各地，告知被解僱者壞消息；我曾有一整年的工作就是在做這件事，替其他公司執行資遣專案。當企業因為各種公司層級或個人因素，不想或無法處理，或想更專業地處理這種事情時，就會委託像我們這樣的第三方來執行，對被解僱的人說明流程，以及提供某種程度的安撫。我看了這部電影好幾遍，劇中許多橋段很能引發我的投射，那種必須同時呈現專業、冷靜、同理、支持、承擔的心情，我真的是感觸滿滿。是的，我們提供這項服務，但不表示我們沒有人性，或不認為這是遺憾的事。我的母親在我每次進行資遣專案的前、中、後，都會以責備且不理解的語氣問我：「為什麼妳非得做這種缺德的事呢？」我只能苦笑。在她的世界裡，她不在乎我是否專業；她認定我是那種使別人的日子陷入苦難的壞人。

人有求生存的本能，企業何嘗不是？公司畢竟是隸屬於經濟部而非社會局；企業的

存在本身，除了要推廣某種理念產品，也必須獲利。我希望看到組織持續經營，而不是因為撐不過一個關卡就戛然而止。所以，在我看來，**某些必要之惡與必要之痛，是企業必要的承擔**。但即便擁有這樣的立場，在預定進行資遣的前一日，我通常也得做足心理建設與行前準備，才足以盡責又不失溫暖地完成這個過程。

有一個看起來很強悍的女生，聽到消息的當下，直愣愣地問我：「我為了這個工作流產四次，還不夠嗎？」

有一個中年男子不斷拍著桌子，大聲咆哮：「妳叫老闆或人資自己來跟我講，有種做，就要有種面對，叫你們這些外面的人來做什麼?!」

有一個超過五十歲的伯伯，壓抑著無助感問我：「我在這間工廠二十五年了，從來沒寫過履歷，妳可以教我寫嗎？」

我也是人生父母養的，不管之前進行過再多次自我建設，等到真正進行這些對話、第一時間承接極度負面的情緒與言語時，都絕對不是容易的事。我第一次對被解僱者開口時，緊張得結結巴巴，自己都聽到自己言語中的無數贅詞。一聽到對方擔心下個月的房貸不知道怎麼繳時，我就說不出話來；甚至當對方有強烈情緒反應時，我會覺得一定是我的錯，是我沒有好好傳遞正確的資訊或態度不適當，才會導致對方產生如此不舒服的反應。

後來，我便知道，**有時候，事實本身就是難以承受的**。於是，我花時間去理解各種情緒用語及狀態，想辦法同理，並鍛鍊課題分離。我在那年認識了「ＳＡＲＡ管理」（SARA management）這個概念工具，幫了我很大的忙，使我更能理解我需要支持的對象，以及使用何種方式最有機會有效地陪伴他（們）度過這個過程。在這裡也分享給需要使用的人：

第一階段：「震驚」（Shock）

遭遇重大負面事件的人，一開始會先感到驚訝、不可置信，甚至有些不知所措，此時他們心中充滿「為什麼？」（Why?）的疑惑，負面能量會逐漸升高。這時我們能做的，是盡可能地**提供資訊**，協助他們理解這件事的發生原因或經過。

第二階段：「憤怒」(Angry)

當人因為衝擊太大，會將挫折感轉變為負面情緒，投射到他人身上或環境中，這時他們會進入「為什麼是我？」(Why me?)的困惑狀態，感到怨天尤人，但其實底層情緒很有可能是對自己生氣。這時我們能做的，是**理解**他們的情緒反應，不要過度在意他們爆發出來的情緒或言語，這是他們正在內化的一個過程。

第三階段：「抗拒」(Resistance)

情緒消逝後，他們會逐漸意識到這是

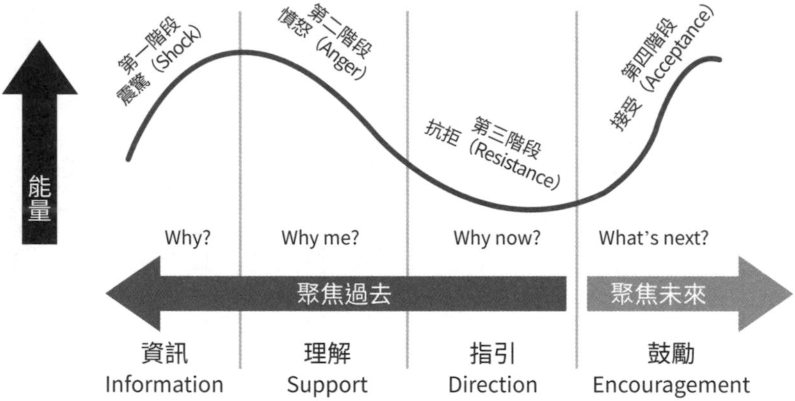

圖2 SARA管理

不可扭轉的事實，痛苦的感受會接著襲來，這時他們可能會帶著「為什麼是現在？」（Why now?）的抗性，變得脆弱、敏感、消極、低迷、沮喪，把自己封閉起來，不想談論或進行任何相關的事情。這時我們可以開始做些**指引**，引發他們對於事件過後的生活的想像。

第四階段：「接受」（Acceptance）

直到情緒循環都走過，他們變得比較冷靜了，才會意識到現實中還是有各項議題需要處理，也才能真正開始發想解決方案，重啟一段新的旅程。這時他們心中比較願意去思考「接下來該怎麼辦？」（What's next?），我們此時提供的建議或**鼓勵**，也才比較有機會真正被聆聽與接受。

後來，我才發現庫伯勒—羅斯（Elisabeth Kubler-Ross）提出的悲傷五階段（否認、憤怒、討價還價、沮喪、接受），以及安東尼・羅賓斯（Anthony Robbins）提出的悲傷六階段（否認、憤怒、討價還價、沮喪、接受、創造）的說法，但總歸是前述四個階段的變形或延伸。對我來說，重點就是掌握對方正處於哪個階段，並且有意識地提供相對應的支持方式。

有一天，我結束一場會議後，在台北一〇一的美食街覓食時，突然被一位女子叫住，她穿著合身套裝，精神抖擻。她說：「沒想到會再見到妳，妳記得我嗎？」說真的，我記得她的臉，但我有臉孔與姓名連線障礙，她可能看出了我的慚愧，給了我一個理解的笑容，然後冷不防地說道：「我想謝謝妳。」我心頭一驚，我做了什麼？竟然讓一個幾乎算是陌生人的人對我道謝？

她說：「我在上一間公司時，妳資遣了我。」我瞬間回想起她是誰了，她在資遣過程中那些難堪、憤怒的畫面，一口氣全蹦出來了。

她說：「謝謝妳沒有照章辦事。妳真心給了我意見，我聽進去了，也很努力重新檢視自己。現在新工作管轄的範圍比之前還大，從區域性變成全國最高業務主管。」

我記得在那間冷氣很強的會議室裡，她這位醫學院畢業的高材生，帶著不安與疑惑問我：「如果我的某些行為真的無法被公司接受，為什麼從來沒有人告訴我？背著這樣的標籤，我會不會再也找不到我想要的工作？」

這樣一個菁英的人生，突然變了樣，衝擊感是很大的。其實我只要準確又不失禮貌地走完流程即可，但我不忍心，也不希望她從此一蹶不振，因此我認真地提出一些對她的觀察，還有該如何調整的建議，使她能再創高峰。在那樣的情境與情緒下，其實這些意見很不討喜，也不容易被接受。

以結果來看，她必定選擇相信了我，並且做了有效的調整。我由衷替她感到開心。而因為這場幾分鐘的偶遇，我也感到很欣慰，我想自己應該是做對了什麼。

所有的發生，都是真實的自己的最佳證明。**你的信念，在關鍵時刻、甚至不起眼的日常中，都會實實在在影響你說的話、做的事、創造的結果**。同理與同情，並不是要做給誰看的，而是為了回應自己真實的信念，體現你所相信的價值觀。

CHAPTER

03

對觀點敏感——不要贏了面子，卻輸了裡子

有一個朋友對我說：「我的直覺很準，有時候一聽就感覺哪裡怪怪的，但就是說不上來哪裡怪。等到事情真的發生後，我就會回想起來，對，就是這裡，我當初覺得怪的就是這裡。」

這種「直覺」究竟是打哪兒來的？人有五感——視覺、聽覺、嗅覺、味覺、觸覺，這五感是我們與這個世界連結的方式，我們透過這五感來接收與回應各種資訊及符號。但不可否認的是，每個人都有直覺，直覺是我們的第六感，很多時候我們是依據直覺做決定：這家店「直覺」比較好吃；走這條路「直覺」比較對；有時身處一個場域，我們

會「直覺」有點不舒服，想趕快離開；「直覺」某個人不太正派，你不想深交。「直覺」以一種我們說不太明白的方式保護著我們，協助我們趨吉避凶。

我們當然也會把直覺用在工作上，例如：「直覺」這張簡報放這張照片比較能傳達想法；「直覺」推A產品比較能創造好業績；「直覺」星期五向老闆提案比較容易過關。差別在於，**職場上的「直覺」最好能有佐證與說明，因為組織目標的達成，不只是關於你自己，而是一群人必須共同承擔的結果**，所以你必須想辦法找出你的感覺的脈絡，具體說明，才能得到理解與支持。特別當你是主管職的角色時，若常常只以「感覺」作為評斷或決策的依據，便很難真正使人信服。因為「感覺」很主觀，也很難被理解與複製，更不利於建立團隊有效性。

你的直覺，其實是由你的人生歷練與觀點所揉和而成。對大部分的人來說，對於自己發生過什麼事件還算清楚，但對於影響我們思考、行為與決策的「觀點」，卻不見得有同樣的理解程度。

「神經語言程式學」（Neuro Linguistic Programming，簡稱NLP）是一門了解大腦

當然可以，**一切都是關於選擇**。

我的母親認為女生應該當公務員或進銀行，嫁給教師或醫生最幸福。當我跟她分享職場上的委屈，說前輩多麼會倚老賣老、搶功勞時，她會要我謙讓與包容。當我加薪時，她會覺得那一點都不重要，能準時上下班的工作才是最好的工作。買任何東西送她，她必定會追問多少錢；太貴的東西，她會直接說不喜歡或不需要。我很心疼，她的人生不敢追求精彩與豐沃，只求穩定與平安。**當一個人放棄認為自己值得擁有很好或更好的東西時，還能為自己創造什麼？**

我母親的觀點，不需要是我的觀點。我並沒有只想過日子，我要感覺自己活著！剛出社會時，我就很確定自己不想過著在年初一月一日、就能想像一整年在幹麼的工作。心之所向，意之所至，所以我的每一份工作都會遇到大量的人，在跟內部與外部合作夥伴討論如何讓人生或環境變得更好或更好玩時，我感覺得到生命力，我感覺自己活著。

看見他人的觀點，不代表你要同意

我有個特異功能，就是許多人很容易在我面前變得很醜、很脆弱，這不是我當教練或講師後才有的技能，而是我從學生時期就有的能力。我大學時在法國當交換學生，同班的各國籍同學，包括馬來西亞的老師、日本的作家、南非的上班族，都會在莫名的時刻，跟我分享一些據他們說不曾跟人分享的困擾或壓力。他們說我有「faire parler」的能力，這個法文詞彙有點難翻譯成中文，但約莫是「使人容易說出真話、表達自我、透露實情」的意思。因為我擔任組織負責人很多年，這樣的角色使我不太會成為被人倒垃圾或說八卦的對象，但在不特別追求的前提下，我就是擁有能使人傾吐心事的特質。

最近一個例子，是我敬佩的一位女性友人，在一間超過千人的公司擔任業務副總，還有漸入佳境、正要進入募資階段的個人事業。我們說熟不熟，但彼此一直惺惺相惜，多年來保持著每三、五個月會聯絡一下的關係。有一天，她突然來找我，希望我當她的教練；我說聚會時就可以聊了，但她說「不，免費的最貴」。她希望持續有一個對話對象，不想因為費用關係而不好意思一直找我。見面後，她叨叨地說起她的角色、她的日子，她不知道自己怎麼了，也不明白為何要把自己過得這麼「滿」。我把我對她當下的體驗反饋給她，也忍不住給她一些提醒與建議：或許她可以鍛鍊「允許」，允許自己不可能、也不需要永遠在軌道上，允許自己也能是被支持的對象，允許自己覺得累。

我很確定她認為我的支持與陪伴是有效的，因為對話結束時，她除了感到放鬆，也同時有了新的前進動能。她對我說：「好奇怪，跟妳講話時，可以很自在地將自己的醜陋與脆弱都顯露出來。」

我說：「對呀，很多人都這樣說，但為什麼啊？」

她想了想，說道：「雖然妳極度目標導向，但妳不會批判。感覺資訊就只是穿越妳，不會在妳這邊加了什麼濾鏡後，才反射或反彈出去。妳很像水。」

我突然想到多年前友人的那句「faire parler」，也許就是如此；跟我對話的人感覺自己被接住，但沒有被評斷。值得慶幸的是，這樣的特質也在我帶領團隊時有所發揮。團隊成員不會因為我是老闆，就必須永遠呈現出自己很棒的狀態，也不會有想要把醜陋問題藏在地毯下的習慣，因此，團隊能夠在相對快速的時機下掌握事實，儘快做出處理。

不過，我究竟為什麼會擁有這個能力？我試圖分析，結果發現是因為我對於他人的觀點能夠做到真正的尊重與包容。我很願意接受與相信，每個人對於事件的詮釋就是不一樣的。我們當然可以由客觀結果去反推，當初的做法是有效還是無效的。然而，**觀點就是主觀看法，是一個人看待或思考事物的方式**，是每個人對於一個主題、事件、現象所表達的看法與立場，是我們認知這個世界以及產出解決方法的重要元素。既然是主觀看法，就很難論對錯好壞。

對於擁有相似觀點的人，你會覺得較容易建立連結與互信；對於擁有相異觀點的人，你則可能會覺得難以建立共識。但是，**事情的最佳解法，往往是透過相異觀點的碰撞後所激發的**。身處同溫層中，大家的喜好、價值觀，甚至生活習慣都是相近的，正因如此，很容易錯失與抗拒那些非自然偏好的資訊或思考路徑。因此，讓自己擁有接收不同刺激的管道、開放性的互動，其實是很重要且必需的，才不會使我們看事情的廣度或解決問題的方法，少了多元性、多了侷限性。

對於不同觀點，你根本不需要同意，只要**理解**就好了。有些人不願意理解他人的觀點，彷彿看見他人的觀點會少掉一塊肉，這或許是因為誤將「看懂」觀點與「支持」觀點直接畫上等號。其實觀點與情緒一樣，當你表達出你看懂對方的觀點，對方就不會一直想繼續以各種角度、方式，直接或拐彎地硬是要讓你明白他真正的意思。**你不想花時間理解他人觀點，他人又何必要花時間理解你的觀點？**很少人願意成為「先」理解他人的那個人；其實當對方舒坦了，覺得被理解了，就不見得會堅持一定要以自己的觀點前進。人有被理解與接納的需求，這只不過是人性罷了。

掌握每個人的WIIFM，加速共識與信任的生成

我能夠做到尊重並包容多元觀點，是因為我對一個底層觀點深信不疑——我相信人性凌駕於邏輯。很多時候，每個道理我們都明白，但因為人性的影響，我們就是會做出

一些不太符合邏輯的選擇。「人不為己，天誅地滅」是很真實且現實的人性特質，**人就是會選擇說出或做出對自己比較有利的事**。有一次，我在課堂上分享這個觀念時，有一個學員提出：「但是，像甘地、德蕾莎修女，以及很多偉大的奉獻者，就會願意做出無私的選擇！」我的解讀是，事實上，他們是為了實現心中的理念，甘願承受世俗加諸他們身上的壓迫或不公平，而這種甘願，一樣是來自於他們自己選擇了一條忠於自身理念的道路。

第一次聽到「WIIFM」一詞，是來自於我的一個香港同事。那時我已經有過幾次將自己手上的王牌球員「轉讓」給更需要他們的地方，或分派去開拓北亞其他分公司的經驗。對很多主管來說，他們做不出這樣的選擇，因為每個王牌球員手上都負責重要的客戶，或者能創造可觀的業績，也能帶領逐步成長的小團隊。一旦「放走」他們，代表組織績效在短期內必定會無可避免地產生大洞，因此，並不是所有主管都會心甘情願這麼做。這位香港同事也是。她被要求轉讓一個明星球員時，打電話來問我：「為什麼妳做得到？我無法不去想WIIFM，但還是得不出答案。」我於是學到了「What's in it for me?」的說法，意思是：「這對我有什麼好處？」我跟她分享的觀念是：「對我而言，當成員願意挑戰更大的舞台，那麼我想做且能做的事，就是支持。比起他能為我創造多少短期業績，前者對我來講更有意義；但這是我的觀點，你要選擇以什麼觀點去看待與處理這件事，那是你的自由。」

我的想法是，即便你很想長期留住明星球員，但若你不能看懂他們想要與需要的，時間到了，他們還是會離開，屆時反而會對整個組織造成更大的傷害。而這位香港同事選擇的觀點是：「我被賦予創造績效的任務，對我而言，我得建立對我最有利的團隊組合，才能真正對我的角色負起責任。」她選擇的觀點也沒錯。所以，真的很難說不同的觀點是否有對錯好壞，就只是觀點不同罷了。若想要追著觀點與你不同的人爭辯，那會是沒完沒了的事，且完全沒有必要。

我後來記住了ＷＩＩＦＭ的觀念，並運用在團隊帶領與教練引導上。唯有確切理解每個人的真實需求與動機，你才更有機會去協助他們，而不是在自以為對他們好的地方兜兜轉轉。有些人其實不擅長或不好意思將ＷＩＩＦＭ說出口，這時，身為領導者或協助者角色的你，若能大大方方地將這個議題拿到檯面上來討論，就有機會加速信任生成的過程。

尊重他人的觀點，才能引發他人尊重你的觀點

許多人很容易將對「事件」的反應，無限上綱到「人」的層級，引發一連串對自我價值的鞭笞，日積月累下來，就會對自信的養成有很大的殺傷力。例如，當一件事沒做好，比較合理的反應是：「我**還**不知道如何有效或快速地解決這個問題，我得再想想或找人問問。」但有些人卻會直接連動到「資格感」層級：「我怎麼會連這樣一件事都辦不好，我真是糟透了。」生活難道還不夠複雜嗎？連你自己都要湊上來踐踏自己一番?!

此外，對於他人沒做好的事，無限上綱到「人」的層級，這類例子也不勝枚舉。比如說，跨部門同事比預計時間晚了一天將資料交給你，你第一時間的反應不是進行適度

的反思：「我得去了解一下為什麼會發生遲交的事，是我們當初傳達的資訊不完整嗎？還是有什麼我不知道、但可能需要知道的事情？」而是直接跳到指責的心態：「明明說好是昨天提交；準時有這麼難嗎？他們真是太懶惰、太無能、太不懂得尊重人了。」這種思考路徑，只會增加你與協作夥伴之間建立關係的難度，百害而無一利。我認為，在職場上，沒有人有資格對他人的本質指指點點或批評。你當然可以不認同他人的某些行為，但你與他都是平等的個體，你為何認為自己有這種權力批判他人呢？

剛開始做教練時，我不希望涉入他人的個人生活，那些親密的、隱私的、深層的關係，我一點都不想知道。我不是心理師，我不認為自己有這種權利或能力，去觸碰過於深切或難堪的傷痛。我只想要很純粹地協助我的被教練對象，使他們在工作上能有前進與突破。後來才知道，我太天真了，每個人都是整體運作的，且身心是一大系統，改變其一，牽動另一。我第一次聽到這個概念時還似懂非懂，但後來越深入研究大腦的運作、薩提爾的冰山理論，便越有體會。

我們所有可被觀察到的行為與情緒，都受到底層信念系統的影響；往好的地方影響就是動能，往壞的地方影響就是干擾。但是，我們不一定能時時刻刻都清晰地覺察到，這些埋進潛意識的觀點是如何左右著我們的大小決策。

觀點的組成有很多，此處列舉三個最關鍵的元素：

- **價值觀**

價值觀就是「**你覺得重要的**」。每個人覺得重要的東西不同，而且沒有對錯好壞。我們不能說一個覺得「愛情」最重要的觀點，比一個認為「自由」最重要的觀點來得正確；這些都是大家對於自己人生的不同選擇，以及願意為這個選擇付出什麼程度的代價罷了。

- **信念**

信念就是「**你相信的**」。信念不是天生的，而是由後天的經驗與學習而來。通常，信念有些起手式，句子會以「我必須」、「我應該」、「我一定」開頭，例如

「我必須努力才能獲取成功」、「我應該要孝順父母」。

- **規條**

規條就是「**你覺得正確的**」。這是我們從小到大被家庭與社會灌輸的一些已知的行為準則，具有某種程度的約束感，例如「殺人是不對的」、「運動員不能服用禁藥」。

因為工作的關係，我常常面試人，也必須了解很多人當下的狀態。不論對方是從海外回國的主管、功成身退的創辦人、蠟燭兩頭燒的職業婦女，或是初入社會的年輕世代，我常聽到他們說：「我現階段最大的願望就是工作與家庭平衡。」我必須承認，三十五歲以前，我自己也處於衝衝衝、忙茫盲的階段時，對於這樣的許願不太有共鳴。我認為新生代還需要為自己的人生與財富打拚，談什麼平衡？中生代就更別談了，上有老、下有小，更沒資格喊累求平衡，牙一咬，沒什麼過不去的。直到自己因為一些覺察，做了不同的人生選擇後，觀點也有了改變。我似乎能更清楚地理解與定義這句話，指的是平衡的感受，而不是平衡的時間分配。

特別是女性。我看過太多、太多的職業婦女，因為責任心或成就感而放不下工作任務，過度投入一陣子後，卻會突然愧疚心大發，覺得自己沒扮演好賢妻良母的角色，煩惱自己是不是錯過了許多孩子的重要時刻。看到這些人眼中的痛苦與拉扯時，我總感到十分不捨。別再糾結於時間分配了，**你需要的不是平衡的時間分配，而是觀點的選擇！**一個母親就是想追求自己的成就感，也想要陪伴孩子，不行嗎？就是想要有基本的穩定收入，也想把自己的興趣經營地有聲有色，不行嗎？就是想擁有另一半的溫柔呵護，也想保有自己獨立的時間和空間，不行嗎？別急著去想執行計畫，先選擇並鞏固好你的觀點；首先，你必須相信這種狀態會在你的人生中發生！**你得足夠想要、足夠相信**，才不會輕易被「很難」、「不可能」、「我做不到」等觀點影響與吞噬。你也才會想方設法去試、去闖，為自己創造你本來就值得擁有的、你想要的日子。

這當然不會是簡單的事，但相信我，你在這樣的旅途中將會很甘願，你會有足夠的內在動能，自己爬起來，**多前進一步，然後再前進一步，直到你所想要的人生狀態發生為止**。那個時候，你的滿足會很深層，你的幸福會持續很久。你要先願意選擇相信那個時刻會發生，你值得那種人生。

經常有人說「我就是這樣」或「他就是那樣」，會這樣認定自己或他人的人，已經決定了自己一生的活法，不相信人能夠透過學習來改變自己，不認為會發生其他的可能性。其實，**你能為自己種下觀點，就能為自己鬆動或移除觀點**。當你清晰地看見自己的中心思想與各種觀點，便會知道你看待與處理事情時加了什麼濾鏡。若你對自己的立場與觀點沒有覺察，你其實不是你，因為你並不是自身思緒、情緒與行為的主人。

CHAPTER

04 對需求敏感——你想看見，才會看見

我擔任某個課程的志工教練很多年了，有一次支援一名學員進行活動體驗，在執行該活動之後，有一段從空中緩緩下降的環節，她還在空中時，就開始哭了起來。我跟團隊的其他成員還以為是因為她害怕這個高度、終於完成了這個練習，最後因鬆一口氣而落下眼淚。她的回答是：「我做完這個動作之後，恐懼感好像才開始襲來。」由於當下問不出別的答案，所以我們就先結束了這個活動。結果，隔天在小組討論時，她激動地一直哭，說前一晚她夜不成眠，因為她一直以來的人生都是被父母安排的，但那個活動讓她發現一件事：「原來，只要有破釜沉舟的決心，就可以創造自己想要的成果。我的悲傷是，我終於看見自己原來是有選擇的，但是，我竟然不知道自己要什麼。」

這位學員不是特例。一位朋友轉述，諮商界有句不成文的話，說女性的創傷通常在三十五歲以後才會出現，因為在那時候，世俗安排得明明白白的「任務」都差不多有個譜了，有份工作、結了婚、有了孩子，這時潛意識會開始慢慢讓一些被壓抑到底層的、重要的、需要被看見或滿足的資訊浮出來。於是，許多人逐漸會有一些關於人生不同的看法、體悟、需求。然而，我認為這其實不只是針對女性，男性也能適用，畢竟在東方社會中，有些男性承擔的責任與委屈，也不見得比女性少。

聽到這句話後，我發現一個驚人的巧合：我的確就剛好是在三十五歲那年，啟動我的學習之旅。倒不是說在那之前沒有學習，但那些學習是比較被動的，例如公司安排要讀的管理書籍、為了做出好的經營決策而需要惡補的財報知識；都不是基於我自己主動對什麼主題產生興趣而發動的學習。後來，我才看到一個觀念，是要適時規劃自己人生的第二曲線；不過我當初沒這個觀念，單純只是對現況不滿意、不滿足、感到倦怠，覺得日子裡應該再增添某種元素，使生活更貼近自己喜歡的樣子。直到那個時候，我才開始懂得探索與回應自己的需求。

我一向能記得看過的臉孔，但很困擾的是我記不住名字。當初我究竟是如何進入獵頭產業、甚至取得不錯的成績，現在想來簡直匪夷所思。這一點不只對我當初的工作造成困擾，而且我一直以來的工作都得面對大量的人，這使得我多次在路上巧遇人時，都覺得很痛苦，只能先哈拉幾句來換取時間，希望自己能快速想起對方的背景與名字。

然而，在我開始轉換跑道，選擇以助人者的身分活著之後，這個困擾幾乎再也沒發生過了。絕對不可能是因為我記憶力變好，因為我的年紀也越來越大。我嘗試分析這件事，最後得到滿有趣、也很重要的覺察，那就是我以前將眼前的人視為一件事。跟每個人互動時，我在意的是與對方有關的任務；我重視與對方有關的資訊的程度，遠高於這個人。而現在，我真正打開了我的心與眼，我在乎眼前的這個人在想什麼、說什麼、在乎什麼。於是，我開始記得住跟我有關的人，即便只有一面之緣。一方面，雖然覺得愧對我以前的互動對象、不夠在乎他們；但另一方面，我也很慶幸自己發現了這件事，因此有機會體驗到以前的我體驗不到的世界。

我很幸運，雖然花了好幾年，但最終還是確認了自己的想要與需要。然而，並不是每個人都有機會去經歷這種探索歷程。若連自己都無法掌握或尊重自己的需求，你又如何能掌握與尊重他人的需求呢？

知道界線在哪裡，且願意表達與溝通

第一種界線，叫做「身體界線」，每個人能夠接受他人靠近的程度不一樣。我在課堂上做過一個練習，兩人面對面站著，臉部保持自然表情，不用特別笑或不笑，先維持約兩公尺的距離，然後一方朝另一方靠近，一次移動約二十至三十公分。測量A的身體舒適距離時，A先站定後不動，B慢慢向A移動，速度不要太快。當A因為B靠近到某個程度而想要後退時，就是A的身體界線；也就是當有人超越這個界線時，A就會感覺不舒服。有些人可接受的距離較短，有的人較長，但這不代表比較願意讓人靠近的人、會比不太願意讓人靠近的人更好相處；這單純只是每個人會感覺到自在的空間感罷了。知道這件事的好處是，你可以有意識地與人維持這樣的空間距離，不會因為說不上來的莫名原因而覺得不太自在，或討厭這個人；其實就只是沒抓好舒適的距離而已。

有些人則是不喜歡與人接觸的某些方式或某些部位，例如，我很不喜歡別人碰我的肩膀。年輕時，一位資深前輩在辦公室裡講話時，很喜歡把手搭在別人的肩膀上，跟我講話時，也是剛開口說「妹妹啊……」，下一秒手就搭上我的肩。雖然我感到非常不自在，但礙於我剛進公司，這位前輩又是大姐大，我不想留下「這個新人怎麼那麼難搞」的印象，因此硬是不作聲，默默地藉由拿東西或轉換話題，趕快使她的手離開我的肩膀。不過，我的身體抗拒感可能真的很明顯，有一次，前輩對我說：「妳哪裡不舒服嗎？」我便順勢說：「我很不喜歡別人碰我的肩膀。」她馬上說：「噢，抱歉，我不知道。妳可以早點跟我說啊。」然後她就再也沒碰過我的肩膀了。那一刻，我發現自己真的很無聊，其實直率地說出自身感覺根本不會怎麼樣；反倒是自己「腦補」他人的可能反應，白白承受了好幾次不尊重自己身體感受的時刻。

第二種界限，是「心理界限」。要覺察心理界線，比覺察身體界線難一些，因為心理界線被碰觸時的反應，很容易被我們的腦袋找到原因來合理化，所以我們的情緒感受也可能被漠視。我聽過一種看法，說婚姻最大的收穫是「了解自己」。原因是，與一個來自不同成長背景的人朝夕相處，才會發現自己竟然有那麼多沒特別留意過的預設立場與底線。例如：一方覺得應該富養孩子，因為……；另一方覺得應該窮養孩子，因為……。領導與管理又何嘗不是呢？原來，團隊成員交出某種成果時，自己完全不能接受；原來，自己吃軟不吃硬，只要老闆好好說話，什麼要求都可以努力做到。

那麼，要如何更深入覺察自己的心理界線？有一次我接受訪談，主持人問我，找到「天命」的誘發點究竟是什麼？就我來說，我離開所謂的正常工作，是因為某一天突然對組織裡的各種角力覺得好膩、好累；倒不是不能繼續下去，而是認為有更多其他的事值得我的時間。我開始體驗與探索自己喜歡或不喜歡什麼、什麼樣的邀約讓我感到有負擔、什麼樣的邀約讓我即使行程再滿，也願意挪動安排去見上一面。我理解力不差，但很晚才開竅，因為身體與時間自由了，心裡的「應該」與「必須」卻沒那麼快放下。最後，才**在一次又一次的測試中，看見自己的界線，勇敢做出最符合當下心境與想法的選擇**。

至於該如何覺察他人的心理界限？最簡單的，是**透過觀察情緒去掌握他人的底層想**

法與需求是否有被滿足。韓劇《非常律師禹英禑》的女主角是個患有自閉症類群障礙的律師，擁有過人的記憶力，能輕易背出大量艱澀的法律條文，但不擅長判斷人的情緒。於是，她有一個祕招，就是拿著一張畫著各種表情的示意圖來對照人的情緒，協助自己判斷對方的狀態。比如說，當人眉毛併攏、眼睛睜大、嘴唇用力，代表憤怒；當人的上層眼皮下垂、兩眼無光、兩邊嘴角微微下拉，代表悲傷。大部分的情緒表情只會維持二至四秒，你若能透過眼部、臉部、口部肌肉的變化去覺察對方的狀態，就有機會透過分享這個觀察，來釐清對方的心理界線和底層需求。

找到自己的阿基里斯腱，回應自己的需求

你聽過或得過足底筋膜炎嗎？這是一種痛起來要人命的症狀，讓人走不了，但長時間休息的話也會痛起來；急性疼痛發作時，得用電療、類固醇來處理，而「阿基里斯肌腱炎」跟這個病痛一樣令人苦不堪言。阿基里斯腱是全身最大的肌腱，連接著小腿肌肉

和腳跟，不論我們走路、跳躍、上下樓梯都需要用到這條肌肉，也因為每天反覆承受壓力，使得這條肌腱很容易因為過度使用而退化，運動員更是容易有阿基里斯腱發炎或斷裂的情形。阿基里斯腱也能用來形容人最脆弱的環節。阿基里斯（Achilles）是荷馬史詩《伊里亞德》中的人物，被稱為「希臘人的第一勇士」，他身經百戰、刀槍不入，但他的腳踝是弱點，據說是因為他的母親小時候曾經捉住他的腳踝，將全身浸入冥河之中，所以唯有腳踝沒有浸到水。關鍵的特洛伊戰爭中，阿基里斯就是因為被射中腳踝而失敗。因此，人們經常說，在談判場合中抓住對方的阿基里斯腱，就能有機會創造較有利的協商位置。

不管是個人或公司，都有阿基里斯腱。我教練過一位高階主管，他頭腦清晰、行動力十足，遇上各種難關都能沉著以對，即使遇到來頭不小的人，也能不卑不亢地完成對談。他認為，能夠達成合作，一定是因為能各取所需；他若創造不了價值，就算價格再便宜，對方也不會買單，所以不需要自動矮人半截。如此清明的一個人，卻有一個點會激怒他，那就是情緒勒索。這當然跟原生家庭或人生歷練有關，他本人也知道這一點，但他就是對這種行為很敏感也很抗拒，只要一覺察到情緒勒索的氛圍，便會以尖銳的話語去回應，無法平靜面對或判斷當下的人與情境。

用以維持你的平衡狀態的那條「阿基里斯腱」，是什麼？

我一度以為我的阿基里斯腱是金錢。我很愛看電視，也會追劇，雖然追劇總讓我有「臨老入花叢」的感覺，但那些追著《請回答1988》、《孤單又燦爛的神——鬼怪》、《海岸村恰恰恰》、《我是遺物整理師》、《機智》生活系列的日子，使我挺過很多難堪與難受，讓我還有力氣繼續奮戰。有一次，我從劇裡意識到，牙齒與膝蓋會是我人生下半輩子最重要的兩個元素。牙齒好，才能吃，膝蓋好，才能走；吃得了、走得動，我的日子就能繼續維持，就有機會創造體驗。那一刻我才發現，我的阿基里斯腱竟然不是金錢，而是牙齒與膝蓋，這個發現，鬆綁了我加諸自己身上的許多堅持與枷鎖。

思考看看，之於你的人生，你的阿基里斯腱是什麼？**擁有什麼，會使你精彩？失去什麼，會使你崩壞？**倘若你是某單位或組織的主事者，組織的阿基里斯腱又是什麼？是某個技術、某個人、某個信念，或是某種企圖心？釐清並認清這個元素，然後用盡全力守護它。

對他人需求要敏感，不能一廂情願

我還在中國大陸工作時，某一年的員工旅遊，我們希望能創造好玩又有意義的行程，最後選擇了雲南雨崩村作為目的地。路程中會經過一個村落，我們群起響應「多背一公斤」的活動，每個人為偏鄉地區的孩子們帶一公斤的物資。對我們而言，一公斤不算什麼，但對物資難以抵達的地方來說，每項物資都彌足珍貴。我們準備的過程很開心，女同事們準備各式好看的髮夾、髮帶、文具、背包，男同事們則是準備各種球及打氣筒，我們想像著男孩與女孩們看到這些物資時開心的表情。

風塵僕僕地走到了那個村落後，校長與孩子們竟然在校門口列成兩排，為我們每個人掛上一條白布圍巾，作為歡迎之意。我們拿出所有的物資時，孩子們乖乖站在一旁等老師分配，眼神充滿期待，但並沒有爭先恐後地失去秩序。老師將籃球與排球拿給幾個大孩子，要他們把球充好氣，帶其他孩子去操場玩。我們在教室跟校長老師們閒聊時，順口問到：「其實我們是依據自己的意思來準備的，不知道孩子們最需要的是什麼？」

校長說：「孩子們每天上下學都得走兩三個小時，鞋子一年要穿壞三四雙，所以鞋子是最需要的東西。」

我還記得聽到這個資訊時，心中升起一股懊悔的感覺，我（們）一廂情願地準備了自以為會讓孩子感到開心的小東西，卻不夠體貼用心，沒有注意到他們其實連最基本的需求都還沒被滿足。我們的善意，到底是自我感覺良好，還是真正依據他們的需求出發？當然，孩子收到物資時的開心也不是假裝的，但這給了我一個啟發，日後當我想做點良善的事之前，都會先詢問相關機構負責人，以確定符合對方當下真正的需要。這也算是這次插曲帶給我的學習。

大部分的人會不自覺地以自己的視角、想要、需要，去思考或行動；若你能反其道而行，先照顧他人的需求與期待，你必定就有機會成為思慮更周全的人。對於領導而言，照顧到不同部門、不同立場的人的需要，絕對是必要的。但有一個重要的前提，那就是組織的共同目標是最大公約數，因此你必須跳脫「你的」、「我的」的思路，更有意識地以「我們的」視角出發，否則，難免流於逞口舌之快或意氣之爭，為日後合作埋下不健康的種子。還有，要確認你所提供的東西是否能滿足對方的需求，而不只是自以為是的揣測；最直接有效的方法就是直接確認。而且，最佳途徑是與該對象直接釐清，而不是與第三人確認；因為沒有一個人能完全懂另一個人，再親近的人的解讀都只是解讀，不見得是事實。

讓使命提供你源源不絕的能量，以滿足你的底層需求

韓劇《Live：轄區現場》將第一線警察的忙碌、卑微、無奈、糾結，刻劃得絲絲入扣，讓我在忙到不行的日子裡，每晚硬要看個一兩集才肯入睡。最後一集的一個畫面中，在現場執勤超過二十五年的資深員警，一遍又一遍地喊著：「到底是誰？是誰讓一個在現場奔波超過二十五年，靠著使命感、拚命撐過來的人，變得如此不堪又悲慘？是誰？是誰奪走了我的使命感？」

我因此忍不住聯想到，身為領導者的我，以及專攻領導力教練的我，是否有什麼使

命感？我到底需要什麼，才能支持我在領導力這個浩瀚的領域裡樂此不疲？幸好，答案很快就浮現出來：「賦能」就是我的追求。於理，所有組織都是資源有限的地方，若主管不懂得如何賦能，便無法複製有效性與成功，可能導致組織已經有限的資源更加捉襟見肘。於情，比起談下一個大客戶或完成困難的專案，當團隊成員因為我的支持與陪伴，跨越眼前的關卡，或帶走一個能擴展到人生中的心法時，所回饋給我的那種眼神，更能讓我有刻骨銘心且持續不斷的感動與驕傲。若要我回想有哪些光榮戰果，我其實想不太起來，但跟不同團隊夥伴之間那些重要對話的畫面，我都記得一清二楚。

以前的公司裡有一個十九歲的孩子，因為家境不好，很早就入社會工作。他睡在朋友的工廠裡，夏天很熱，冬天很冷。公司有一次淘汰一些老舊電器時，他問「電風扇能給我嗎？」，我說「可以啊」，接著他興奮地說：「太好了，我每天半夜不必再被熱醒了！」他是個才華洋溢、技術一流的孩子，年紀輕輕就得了某項國內比賽的第二名，也因此性格有點張揚、自滿，與人之間的應對進退，有時不太會拿捏分寸。有一次，他跟一個來支援的妹妹開玩笑過了頭，引起對方不悅，一狀告到我這兒來，說希望他道歉。

我在華山文創園區大草原，拉著這個年輕人，好好地聽他說他的事，然後告訴他，他哪裡好、哪裡須注意，不要浪費老天爺給他的才華。他沉默了好一會兒，我還以為他聽不進去，沒想到他說：「妳是第一個聽我說這麼久的話的大人，也是第一個告訴我該怎麼跟人互動的大人。」我沒料到，一向吊兒郎當的他居然如此誠懇地說出這種話，讓我一時之間不知該如何回應，但我至今仍深深記得，當時我心中的念頭是：「太好了，把其他會議排開，在他需要的時候進行這樣一場對話，真是太值得了。」

有一個工作夥伴是我親自找來救火的主管級人物，她有著源源不絕的創意，凡是跟人見過一次面，就能像已經認識很久的人，對各種話題幾乎都能說上幾句。她說因為自己有資訊焦慮症，時時刻刻都在補充資訊，上到外太空、下到內子宮的事，她都有興趣。如此一個奇葩，在工作上有時難免會將戰線開得太多、太廣，導致團隊成員疲於奔命或無所適從。也因為她的思考很跳躍，我有時甚至會刻意縮短跟她互動的時間，只想聽她講重點。

她也明白自己的問題，但卻不知道如何改變；她試過很多工作規劃或時間管理的方法，都不管用。我猜想她的底層信念一定有些東西，唯有面對與處理完這些東西，才有可能調整她的行為。有一天下午，我對自己說，我要把這個下午的時間都給她，好好跟她來一場對話。等她講完所有想講的話後，我問她：「妳有多想處理妳工作上的困擾？」她說：「非常想。」

我請她在空白字卡上列出幾項讓她走到現在位置的特質或能力，一張字卡寫一項，正向或負向的字詞都可以。然後，根據這些特質或能力對她的人生的影響程度，依序排列。排完後，我請她想像她五十五歲時的理想畫面，在畫面裡，她感到滿足、有成就感、快樂。接著，我要她想想，若要活出那種狀態、擁有那樣的心境，她的這些特質或能力，需要進行哪些重新排序。我請她將需要或想要的特質放得離自己近一點，把不想要的放得離自己遠一些。於是，她反射性地將一個深深影響她的負面詞語（自我懷疑）推得很遠，然後把幾個她想要放大的字詞（充滿好奇、熱情）拉近自己。我跟她說，重點就在這裡。這些特質、能力或習慣都是她已經擁有的，但她得有意識地多使用能夠更有效支持她實現目標的特質、能力或習慣，才能有不同的展現，進而影響她的工作與人生。

她哭了，說我將她從自我鞭笞的無限輪迴裡拯救出來。她總認為自己不夠好，所以一直急著要讓自己變好，而現在，她知道自己已經是完整的，只要更有意識地挪動焦點，讓自己的特質能力組合，為自己的人生發揮最大的效用。那一刻，我覺得我們很靠近；她如釋重負的表情和眼淚，讓我覺得自己能有機會支持他人真是太好了。

物質需求的滿足是一時的，心理需求的滿足是深遠的。**若要釐清與照顧他人的心理需求，你必須願意給出你的時間。**

電影《阿凡達》（*Avatar*）的女主角說：「我感受到你了。」（I see you.）如此簡單的幾個字，加上她真誠純粹的眼神，直直穿透我，讓我不能自已，彷彿我跟男主角一樣被理解了、被看見了、被接受了。我們有多少時候是視而不見的？又有多少時候，我們見而不理？**你要先想看見，才能看見。**但是，到底要看見什麼？我認為是看懂對方沒說出口的期待與需求，並且不吝於給予回應。

PART 3

對事的敏感度

「什麼叫瘋子？一遍又一遍地重複同一件事，卻期待會有不同結果。」

——愛因斯坦

要培養對事情的敏感度，祕訣在「位移」。

時間軸上的位移，是從過去的經驗與資訊中找到蛛絲馬跡，並淬煉出足以被現在與未來運用的資源。同時，也能基於對未來願景的想像，激發出現在的動能，以持續推進自己或組織的目標。

「立體視角」也是個關鍵，你越能快速地從自己的角度位移到他人的角度、公司的角度、競爭者的角度去思考事情，就越有機會不受限於眼前的資訊與資源，進而看見一些別人還看不到的細節與面向，採取一些別人還沒採取的行動。

鍛鍊對事情的敏感度，比對人的敏感度來得簡單一些，因為事情都有具體的軌跡或資訊可依循與追蹤。持續精進這個能力，就能為自己創造更多職場與人生的可能性。

CHAPTER

01

緊扣目標——目標斜率不同，累積的經驗值也不會相同

你習慣看著問題，還是看向目標？

有一位前輩在金融圈創立了公司，他一直想打世界級的比賽，所以他做事的要求是以世界級品牌為基準。他研究賈伯斯被迫離開自己創辦的蘋果電腦、又重新回鍋後，蘋果如何花了十年使公司市值站上高點；他也研究為何張忠謀以一個華人之姿站上德州儀器三把手後，卻願意在五十六歲時創建台積電。蘋果的偉大，以及台積電「護國神山」的地位，都是因為創辦人一開始心裡想的就是世界級的規格，眼裡看的也不是一般人看

得到的世界。即便佩服這位前輩的雄心壯志，但我也不免認為有這個必要嗎？台灣的養分足以支持這件事發生嗎？他對他所需付出的代價都做好心理準備了嗎？

我問他：「你為何不先成為台灣第一？等到有了自信與成功經驗、團隊的狀態與公司的資源都更加到位後，再去挑戰下一個目標；就像很多運動選手，都是先成為國內冠軍，才代表國家去參與世界級競賽。」

他回答：「斜率不同，會使你打一場完全不同的比賽。以台灣第一為基準，仰角可能是三十度；以世界第一為基準，仰角可能是六十度。角度的差異，會導致需要思考與建構的配套截然不同。人的慣性是非常強大的，當團隊習慣某種節奏或做法，不管是正向或負向的，要撼動就不容易。張忠謀當初創立台積電，就是以成為世界級品牌為目標，所以他在訂定策略與選育團隊時，都是以全球化、產業高標準的前提去思考與設計。他為台積電選擇的斜率，使他與他的團隊成員是在玩跟其他人不一樣的遊戲。」

我覺得這十分有道理；你要準備撐竿跳高一公尺，跟你要挑戰世界紀錄六・二一公尺，所需要做的身心準備、起跑距離、努力程度，都是截然不同的。那種企圖心，以及追求目標的過程中產生的壓力與張力，都會影響你在練習時的自我要求，因此，自然能鍛鍊出不同層次的心智狀態與實力。

前來找我輔導的主管們，很多人開頭第一句話都是：「我現在有個問題，就是……」通常，我聽了幾句話後，便會禮貌性地打斷，問對方：「所以，你最想要達成的目標是什麼？」許多人會直接愣住，彷彿從沒想過，或因為已經陷在現實的問題中太久，一時之間竟無法俐落或堅定地說出目標是什麼。

神經語言程式學之父理察・班德勒（Richard Bandler）說：「尋找問題，你就會找到問題；尋找解決方法，你就會找到方法。」倒不是解決問題不重要，而是若以「問題」為重心，資訊或能量就會被集中到問題上，但如果能以想要達成的「目標」為焦點，討論或關注就會圍繞著這個方向去展開。兩種路徑也許都能達到解決問題的結果，但一個是針對過去、一個則是看向未來，執行過程中的態度與情緒會截然不同。

我非常同意世界知名的潛能開發專家安東尼・羅賓斯說過的一句話：「目標是工具。」透過設立與達成一個又一個的目標，個人或組織便能一步步地、踏實地朝著願景

的道理，但不得不說，他畢竟是從第一線打拚上來的人，還是有其細膩的思考與行為角度。無論是五三一，或是一三五，兩者都是**透過目標，讓自己與團隊有依循的脈絡**，使我們不至於偏離軌道太多或太久。

擁有共同目標與目的，才能使團體成為團隊

每個人都知道團體不等於團隊，但具體來說，要如何區分這兩者？就下面這四種情境而言，哪一個或哪幾個算是團隊？

- 第一種情境是一群肩並肩、擠在地鐵站裡等著上下車的人，他們彼此的距離非常靠近。他們是團隊嗎？
- 第二種情境是同窗四年的大學同學，他們彼此熟識，拍攝畢業照的這天甚至統一

穿著相同的衣服。他們是團隊嗎？

- 第三種情境是一組職業自行車隊，有幫助主力團員抬轎的破風者、主將，也有負責搶登山、衝刺等積分項目的突圍者。這樣一個小組是團隊嗎？
- 第四種情境是一組醫護手術人員，有麻醉醫師、負責下刀的主刀醫師、負責協助撥開的刀助，以及遞送器械的刷手護理師。這樣一個小組是團隊嗎？

大家應該會直覺認為第三種與第四種情境可以被稱為團隊吧？因為有各司其職的人。還有什麼因素，能明顯地區分團體跟團隊的差異？我認為有兩個要素，一個是「**擁有共同目標**」，即大家對於目的地是否有共識。例如，我協助過一家替代能源的公司發展領導梯隊，他們在環境趨勢和政府政策的推波助瀾下，有著很積極的業務成長目標，大家對於如此積極的成長目標是願意買單的，並不會覺得激進，但這可能就不是求安穩的人會想加入的團隊。此外，還有一個非常重大的區分點，是「**支持共同目的**」，大家為了什麼而聚在一起是很重要的。比如說，賺錢的途徑很多，但若沒有助人救人的理念，便不見得會選擇需要隨時待命或輪班的醫療工作，大可去從事博弈相關產業。

超過二十年的工作經驗裡，就履歷上來看，我只有兩年沒有帶人，但若以上述定義而言，我摸著良心問自己，嚴格來說，我應該只有一半的時間是真正有好好地帶領團隊。為什麼這樣說？在顧問公司時，每一季都得做目標規劃，我的角色就是要大家交出數字，協助他們擬定行動方案；若大家加起來的數字與上頭交辦的數字差距太大，我就得明示暗示地希望大家加碼。大部分時候，團隊能達成共識，因為會選擇業績導向工作的人，通常具備飢渴積極的人格特質，容易被煽動，特別是這間公司有極誘人的獎金制度，因此每個人的利益與公司利益是連動的，要創造對目標的共識並不難。然而，在巨額獎金的背後，我其實不太關心公司出發的起心動念；在我與團隊互動的過程中，也鮮少出現願景或使命等字眼。結果就是人會因為錢來，也會因為錢走。

身處文創產業時，我管理兩百多人，在公司多元化發展的前提下，團隊成員的多元性與想法各異：

創辦人胸懷大志，想改變這個世界，每次開會就忍不住曉以大義，巴不得大家都起身革命，因此我得用力將他拉回地球表面，說地球話；

一線服務員工在乎加班費、休假、三節獎金以及學習與升遷的管道，我好說歹說才讓他們明白，在資金還不穩定的新創公司，固定調薪或年終獎金是多麼奢侈難得；

藝術家性格的媒體同仁，擅長風花雪月的細膩文字與圖像，認為公司應該給他們彈性，讓他們有充裕的創作空間，不要干擾他們的靈感，而我得有技巧地讓他們明白，他們畢竟是領公司薪水，老闆的話還是要加減聽；

部門主管抱怨公司系統太爛時，我盡量保持冷靜，忍住不說：「薪水都發不出來了，是要怎麼更新電腦？」

投資者希望公司盡快獲利賺錢，我則希望他們能同意我用A級薪資聘請A咖團隊一起來奮鬥，不然給香蕉，就是只能來猴子。

我體會到，若沒有不斷以公司想創造的美好願景去感動大家，便很難使大家超越部門或個人立場，並肩前行。

我認為籃球隊很能充分體現團隊精神。跟棒球或其他體育競賽不同，籃球賽是速度感很強的活動，使我佩服不已的是以下這幾點：

- 不管任何時間點，每個隊員都非常清楚知道剩餘的時間與分數；
- 就算眼睛直視堵在自己對面的人，也有辦法將球傳給旁邊或甚至自己身後的隊友；
- 明星球員在關鍵時刻依然會聽從教練的指示；
- 每個人都清楚知道什麼暗號代表什麼打法；
- 教練一定會著正裝，表示他對這件事的重視。

我略為研究了「K教練」沙舍夫斯基（Michael William Krzyzewski），他是杜克大學的籃球總教練，帶領團隊取得超過八百場勝利。他做到了令我望塵莫及的境界，因為我常覺得只有我自己在意剩餘時間與分數位置，或是團隊對於打法經常有很多意見。為了說服團隊或整合資源，總是讓我感到非常損耗精神和力氣。

還好，我屢敗屢起，持續摸索能讓我的團隊更像團隊的祕訣。終於，在不斷的學習中，我找到一種我認為能適用於許多情境與人們的方式：「**創造想贏的氛圍**」，因為大部分的人都不喜歡輸的感覺，不論是理想信念的成功推廣，或是績效目標的成功實現，這都是一個命中率很高的共識方向。

將「創造想贏的氛圍」展開，可以透過下面三個步驟進行溝通，進而形成共識：

一、為什麼要贏？

這件事對你、對我、對我們，有什麼意義或能創造什麼價值。

二、什麼是贏？

我們對於想要或需要達到的目標，有共同的定義與期待值。

三、怎麼贏？

對於前進的方法、策略、節奏的討論與共識。

當然，有些人（不限於年輕人）對於贏很無感，沒有企圖心想贏，也沒有贏的能力。但事實上，我認為不是他們不想贏，而是他們對於贏的定義可能跟你我不同。重點是你得花時間釐清與交換彼此對贏的定義，想辦法取得共識；這沒有捷徑。

眼睛盯緊，手放開

談了這麼多目標的重要性與實用度，接著要來說明對事情的敏感度的一個重點，就是對目標的敏感度：你要很清楚你和你所帶領的團隊的**行為，之於目標的連動性**。很多時候，我們只是像陀螺轉個不停、瞎忙著，並未確保我們的所作所為究竟能否促使結果發生。

若你是個人貢獻者，請時時刻刻提醒與要求自己是屬於持續有所貢獻的族群。組織是一群人一起達標的地方，因此，邏輯上不該存在結果與你無關的情境。在這個前提下，組織裡只有兩種人，一種是做事的，使目標發生的人；另一種是搞事的，阻礙達標發生的人。不在乎共同目標的人，也屬於後者，因為組織裡的事務有上下游的關係。當你不夠在乎，就有可能影響你的行為呈現，如此一來，連動部門就得花上較多的力氣去補齊或補強你負責的環節。

若你是主管，請體認到，在組織裡，真的沒有誰比誰了不起；大家不過是扮演著不同的角色，使這艘船發揮功能，航向目的地。你的眼睛要一直盯著的，是團隊的整體呈現與目標的連動關係，並與團隊共創出有效的達標行動方案，然後，**手放開，不要一直干擾團隊的行動節奏**。

就像在駕訓班的時候，假如你是學員，你能想像坐在副駕駛座的教練，在前進時不斷將手放在你操控的方向盤上，或是一直踩煞車的情境嗎？你一定也會感到很焦躁或沮喪吧。這種時候，雖然你是主管，但你也成了搞事的人，阻礙了整體動能。

主管有幾種角色：

一、先行者

率先支持某個重要決策，引發他人追隨，成為組織前行的穩定力量。但若遇到有爭議的決策，也能勇於成為領頭黑羊，透過有力資訊提出質疑，以影響時間、金錢、人力的資源配置。

二、轉譯者

創辦人通常有一種特質，就是想做的事只用一本冊子列不完，或是今天如痴如狂的點子，過一陣子又冷了。因此，主管有責任將老闆的一句話轉譯為執行團隊需要處理的行動清單。因為老闆的點子通常很跳躍，但執行過程需要很連貫，而你就是那個必須為團隊指路的人。

三、育成者

主管須承擔起主要培訓者的角色，將團隊成員所需掌握的資訊、知識、技能，透過多元、系統化的方式，傳達給團隊成員，使團隊的有效性與成功得以複製。

四、把關者

主管一定有過這種經驗：你希望自己先看過那封電子郵件，再讓下屬寄出；採購提案分析放在桌上兩週了，還沒時間仔細讀；兩名大將各自堅持立場，互不相讓，得找他們來溝通……。你當然必須是對內或對外品質的把關者，但也要留意，不要讓自己成為流程中的瓶頸，導致越來越多的決策與項目卡在你這裡。

區分追蹤與控制，勇敢給出信任

沒有人的時間是夠用的，主管若不懂得授權與設計配套機制，自己與團隊都不會有成就感。我曾看過一句話：「工作是創造，不是消耗。」創造結果，按理說是令人開心的事，以前的我卻常常感覺自己被消耗得很厲害。然而，這句話就像是當頭棒喝，告訴我：我可以、也應該調整我的工作狀態。幾年前，我問國小五年級的女兒：「妳喜歡上學嗎？」她迅速回答「喜歡啊」，我心想，不錯嘛，竟然有喜歡上學的孩子。便繼續問：「那妳最喜歡上學的什麼？」她說：「下課。」我聽完簡直快要暈倒，但有其女必有其母，我其實也很喜歡工作時不用工作的時刻。

人有趨吉避凶的天性，我於是認真地思考，該如何在工作中放大喜悅的成分。我發現，說簡單也簡單，說難也難，那就是**勇敢地選擇信任**。信任確實是自信的最佳驗證；願意給出信任的人，通常對於成果具備足夠的承擔能力，特別是對於不好的結果，也有自信能應付得了、能夠收拾殘局。

喜歡控制的人，大多難以信任別人。不信任對方可以完成某事，所以需要把關機制。然而，往更深的層次去探究，其實是不夠信任自己，不相信無論發生什麼預期之外的狀況，自己都具備足夠的能耐可以解決。控制的底層，也有可能是擔憂，或許是連自己都沒意識到的莫名擔憂，擔心對方做不到自己的期待，所以很想控制，但越想控制，越會發現事情控制不完、也控制不了，最終陷入反覆失望與挫敗的輪迴中。

我曾經是個很喜歡控制的人，雖然理解自己控制不了所有事情，但總可以控制責任範圍內的事。於是，我有各種用來掌握資訊流、追蹤結果的表格。我覺得這是理所當然的，公司交付給我責任，我當然要扛得起期待。但是，好累。因為，即使流程再怎麼符合邏輯、再怎麼精心規劃，人就是最不可控的因素，而所有的結果都需要靠人來完成。

我意識到，使其他人對結果也有感，比我試著以一己之力控制所有變因，來得可行。我必須想辦法多花點時間去影響人，而不只是控制過程與結果。我依然很在乎結果，但我想試試以不同的方式促使結果發生。我得勇敢面對與挑戰真正關鍵的部分，也就是人的想法和觀點，因為一個觀點可能呈現在十八種行為上，而我不停地管理行為，其實是件沒完沒了的事；我得從源頭去引發與影響。

「追蹤」跟「控制」的差別在於，前者是管理結果，目的是了解現況，態度是中立的，可以依據所獲取的資訊，彈性調整資源與步驟；後者的目的則是使事情發展符合自己想要的樣貌，態度帶著擔憂，怕事情超出範圍。要意識到自己的底層觀點與釋放出來的能量，才不會「怕什麼，就來什麼」。

我當然不會只是盲目地相信，或毫無章法地將東西丟出去不管，而是很有意識地鍛鍊下面這幾個職能，使這些能力成為我在給出信任時、最強而有力的防護網：

一、建立與溝通目標的能力

建立目標不只是訂定要做到什麼，重點是**溝通目標的能力**，可不能一股腦兒講完就結束，而是得確保團隊成員的理解程度，直到所有相關的人都能清楚描述團隊的目標，才是你具備建立目標的能力的證明。我剛開始擔任主管時，在外商公司學到一個概念，那時老闆會突擊檢查，在辦公室裡隨機遇到某個團隊成員時，會問他團隊目標是什麼，被問到的人要能馬上說得出來（information at fingertips），不能回頭查資料，這樣才是主管有清楚地建立與傳遞目標的呈現。

二、架構機制的能力

所謂的**機制，包含流程架構與檢核點**。能夠建構出機制，代表你非常清楚你所負責範疇的流程與目標。我有個綽號叫做Excel Queen，倒不是我很熟悉Excel的各種功能，我當然比不上財務會計或其他很懂這項工具的人，但我非常會設計表格，對於欄與列需要填入哪些資訊，才能使我得到剛剛好的資訊，足以進行剛剛好的管理，我還滿有心得的。聽說我曾待過的公司，在我離職好幾年後，仍持續使用我當初設計的追蹤表格，可知有多好用。身為主管的你，若能好好鍛練這項能力，絕對會令你如魚得水。

三、賦能的能力

你自己能做好一件事，跟知道**「怎麼使他人做好這件事」**，是截然不同的能力。多年來，我認知到一件事，那就是能使我「少做點事」的唯一途徑，就是我的每個團隊成員都很優秀，不會時時刻刻需要我。而每個人的資質與能力都不同，因此，我得先想辦法，讓他們具備達成任務所需的能力組合。這麼顯而易見的益處，為何很多主管不願意做？我聽過的說法是：「花那麼多精神培養，未來要是沒多久就被挖走了，好傷啊。」問題是，你現在不快點教會他們，有比較不累、不傷嗎？

目標達成率，之於工作滿意度與人生的開心程度，是高度正相關的。打開你對目標的雷達，便能精準地運用你自己與團隊的能力及能量。

CHAPTER

02 聚焦事實——真的假不了，假的真不了

有一次看日本電視節目，那集的主角是一名在四十幾歲時選擇創業的大叔。他辭去大卡車司機的工作，跟妻子商量之後，獨自一人到山上，從零開始學習如何種植麝香葡萄，這是一條辛苦的路，因為前六年都不會有收入。我印象最深刻的是，他說一開始葡萄串其實有兩百至三百顆葡萄，要一直挑選與修剪，只留下五十顆，這樣每粒葡萄都會因為吸收足夠的養分而長得圓潤飽滿。他隨手摘了一串下來，說這串只有九十五分，主持人不解地問道：「為什麼呢？」果農指著其中一顆葡萄說：「這顆是多的，生長空間被其他葡萄擠壓到，影響了圓潤度。」

處理事情時，你是否能快速辨識出多餘的那一顆麝香葡萄？你是否有足夠的魄力，為了支持更佳的結果發生，及早處理掉多餘的流程或冗員？你會糾結、心疼於那些被處理掉的資訊或資源，還是能夠專注於使目標發生？

你掌握的，是真實還是事實？

很多企業，尤其是台灣企業，喜歡安排「特助」這種角色在董事長或總經理辦公室，有時是老闆體恤高階退位者所做的安排，有時是老闆喜歡放幾個高潛力人才就近觀察，透過指派專案來磨練其能力，有時是有幾個特別好用的救火隊型人才，沒事就放在身邊養著，有事就排出去當作分身，「見此人如見我」的概念。其實不論是哪種來源或目的都無所謂，關鍵是這個人的品格。這樣的人圍繞在老闆身邊，即便是有一搭沒一搭地提起某事，都能引起老闆的優先關注，更別說若是有心人刻意使用大量的真實感受去陳述某些事件，對主事者可能造成的情緒與決策方面的影響。不論是加入哪一種主觀感受，不論是有意識或無意識，多多少少都會影響聽者的解讀與判斷。若聽者腦筋非常清楚，邏輯力極強，能夠不偏頗、中立地處理資訊，那當然沒問題。但若聽者壓力大、忙過頭、情緒差時，免不了會受到干擾，這是一定的。

有一張圖片讓我印象十分深刻，那是一個圓柱體，當光源從圓形面打向圓柱體，反映到地上的便是圓形，只看得到地上圓形的人，會認為實際存在的物體就是圓形；但當光源從柱面角度打向圓柱體，

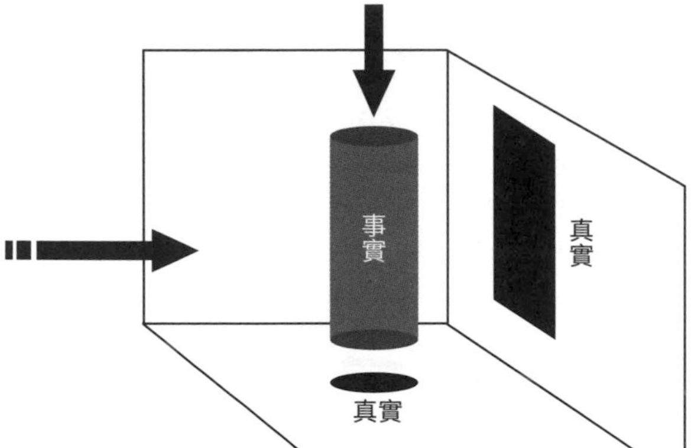

圖3　圓柱體立體投影

投射在牆上的形狀就會是長方形，只看得到這面牆的人，便會認為這是個長方形的物體。兩者都是依據他們所能掌握的資訊所做出的判斷，但得到的答案卻不同。

「事實」的英文是「fact」，是指已經發生的客觀事實，任何人在任何時間去詮釋，都會得到相同答案的資訊。「真實」的英文是「reality」，是當事人感覺最真實的主觀感受，不需要被驗證，也不需要被同意。舉例來說，「二〇二三年三月八日兩點，公司舉辦了一場主題為時間管理的工作坊」，這段資訊的表述就是很單純的事實表述。另一種陳述方式是「二〇二三年三月八日兩點，公司舉辦了一場很有趣的時間管理的工作坊」，這就穿插了表達者的個人感受與判斷。也許參與這場工作坊的其他人認為過程很沉悶、不如預期；這就是所謂每個人不同的真實感受。

在文創產業中，絕大部分的公司都還沒摸索到能獲利的商業模式，但每週、每月持續舉辦的各式各樣活動，都能邀請到國內外指標型的意見領袖或名人，這其實讓人霧裡看花，一廂情願地以為每個文創品牌或公司都活得很好。我在Z公司時，許多業界的朋友感受到的「真實」，是Z公司真不簡單，能持續創造出色的市場音量與活動內容，是文創產業裡屈指可數的優質代表品牌。但「事實」是，公司那時的現金水位已經極低，每天都面臨內部薪資與廠商貨款開天窗的巨大焦慮及壓力。很多人以為發生的事一定是事實，或親眼所見一定是事實，這其實是很大的迷思。不同人看待同一件事有不同解讀、含有主觀情緒或觀點，都是很正常的事。因此，**我們要更有意識地去掌握真正的資訊，才能更精準地運用資源，做出有品質的決策。**

抓出「事實」，花最多精力面對

因為「我親眼看到A這麼做」或「我親耳聽到B這麼說」而導致的失誤判斷與無效溝通，實在不勝枚舉。《快思慢想》一書裡提到，人們有兩種思考的模式，一種是快思，一種是慢想。所謂的快思是一種自動化的系統，非常快速、也不太費力，甚至是一種不由自主的思考系統。而所謂的慢想，是一種比較花力氣的系統，要運行一些較複雜的心智活動，包括複雜的計算，所以當很多人不想要那麼累時，便會自動進入「省電模式」。

在解決問題的時候，除非是特定的狀況，否則在商業環境裡，我建議大家要多運用慢想系統，因為公司裡所有的資源都是有限的，也是連動的，亦即會牽動許多部門，所以你提出的解決問題的辦法，得說出個道理來，不能只是出於直覺或感覺，否則你將很難讓所有的協作者明白，也難以讓出錢的老闆買單。事實與真實就像硬幣的正反面，是同時存在的，你就是必須共同面對與處理。而身為主管的你，是否能清晰辨識資訊中的真實與事實，就是關鍵所在。

當你是說話者，要盡可能地闡述事實；當你是對話者，要盡可能地蒐集事實。

舉例來說，當你在會議中提出：「這款產品賣得很好，大家都很喜歡，應該趕快追加。」這句話本身其實意義不大，因為非常主觀。唯有資訊包含了具體事實，才有參考的價值。更好的表述方式有幾種層次，例如：

「這款產品單週賣出一百件。」

「這款產品單週賣出一百件，占上週整體銷量二〇％。」

「這款產品單週賣出一百件，占銷量二〇％。過往產品的最高單週銷量是五％。」

這些帶有明確資訊的表述，能使溝通對象更快速地掌握情況。當然，若你是對話者，越懂得針對事實提問，就越能迅速地產出對策。

負面事實也是事實，也得面對。公司獲利良好、衣食無虞的情況下，假如有不夠有效的步驟隱藏在各種大流程中，或貢獻度低的人隱身在群體中，感覺不痛不癢，不處理也不會怎麼樣。但當公司資金捉襟見肘時，那些無傷大雅的小瑕疵便有可能成為破口，進而變成一道裂縫，破壞組織的安全網，使組織以不可控的速度螺旋向下。

以下兩個重要心態，能夠協助你掌握更多事實：

- **第一個是「負責任」**，這是水能載舟、亦能覆舟的概念。組織是由很多個人所組成的；一群人在一起，理論上能創造出更大、更好的結果，但也因為一群人在一起，當問題發生時，其實很容易出現一種卸責或事不關己的狀態。法國大文豪伏爾泰說過一句話：「雪崩的時候，沒有一片雪花覺得自己有責任。」然而，在組織裡，每個人都是所產出結果的一個環節，所以結果當然與你有關係。即便你尚且不知道與你的直接連動是什麼，但大家畢竟都在同一艘船上，你若能先抱持著「結果與我有關」或「結果終將與我有關」的心態，表達你有在關注這個問題、你願意一起承擔這個共同結果，那麼一次、兩次、三次之後，無形中就會建立起別人對你的印象，覺得你是可靠的、可信的、值得共事的夥伴。
- **第二個是「好奇」**，許多第一時間看起來可能沒什麼關聯性的事情，只要是一種異常，就不能小看或漠視，而是要抱著好奇心想想辦法，找出裡面的蛛絲馬跡，以創造出可改善與優化的空間，讓未來不再發生同樣的問題，避免造成有限資源的不必要浪費。

濾出「真實」，因為真實的體驗會影響對事實的掌握

你有喝醉酒的經驗嗎？你可能會一直覺得自己很清醒，然後，突然一個瞬間，你的腿就軟到站不起身，或是你會覺得使盡全力也撐不開眼皮。那個瞬間的來臨是很突然的，然後事情就不可考了，因為你喝醉了。那種真實地感覺自己還沒醉，事實上卻已經逼近或到達酒醉臨界點的例子，許多人都很熟悉。

我的第一份工作是在一間法國企業的量販店，公司裡有個年輕的法國實習生，因為是法國總部派來的，所以即便沒什麼工作經驗，也是擔任部門的小主管。他對人的態度非常差，言語中總是充滿輕蔑不屑，老是愛用強硬的口氣與無理的字眼交代指令或提出疑問。有天晚上發生了一場不算非常大的地震，但也是左搖右晃的有感地震。隔天，一進公司，由於我們台灣人已經很習慣地震，所以幾乎沒什麼討論，但所有法國人一直在大驚小怪地談論這件事。後來，我發現已經好幾天沒看到那個討厭鬼實習生，去問了主

管，才知道原來因為地震的關係，嚇得他隔天便堅持要馬上買機票飛回法國，他拒絕再繼續待在這個「讓我的生命安全受到嚴重威脅的國家」。我雖然訝異，平時那麼頤指氣使的硬漢竟然這麼膽小，但也得說他的感受之於他本人而言，就是絕對真實的體驗；只是他的真實體驗不是之於所有人都成立的事實，因為我在台灣的土地上就感到相當安全。

有一次轉換職場時，前老闆Y來找我重新歸隊。這個Y老闆在我離開他的公司後，持續跟我有一搭沒一搭地互動了六、七年，終於被他等到這次破口，他殷切地述說著公司前景多麼美妙，與我的合作將會創造多麼偉大的改變。我真實地相信，Y真的很喜歡我，這次應該是抱著非拿下我不可的決心，於是也非常興奮地跟他討論著可以如此又這般地改善這個、創造那個，開始規劃起新崗位的藍圖。然後，在不經意地用「順道問問」的方式確認薪資後，才驚訝地發現，Y打算給我的現金，比七年前初次合作時還低，大部分薪酬都放到看得見摸不著的股權去了。這七年間，我風裡來火裡去，經歷了艱難的市場變化，達成了幾個不可能的任務，薪資也跟著飆高，這些年的經歷完全沒有價值嗎？所以，我的真實價值，跟Y願意付出的事實數字，顯然有著不一致的思考與定義。

有些人好奇，要我分享身為一個女性，如何在職場上出頭？我想了好久，實在不記得因為我是女性，就受過什麼委屈，或做過什麼爭取。需要搬東西時，如辦公室搬家的裝箱，或是換飲用水桶時，我不會仗著自己是女生就自動捨除該出的力氣；與人爭辯的時候，我從來不認為眼淚會為我帶來什麼好處；我做該做的事，說想說的話，該踩住立場時不退縮，需要柔軟時不遲疑。

於是我懂了，我根本不曾把焦點放在我是男性或女性。我的意思是，當我是個小職員，我的重點是理解我被交辦的任務，並確保我的執行力；當我是個小主管，我的重點是承上啟下，確保我的三六〇度溝通與協作是有效的；當我是單位或公司的負責人，忙著做出績效都來不及了，更沒空去在乎一個我認為無關存亡的議題。當然，可能是我比較幸運，沒有遇到這類被刁難的情境，但我更願意認為是因為我選擇看事情的角度，會決定我看見什麼與做出什麼。我們每個人都該鍛鍊自己對事實的敏感度、對人性的掌握度，而不是選擇聚焦在自身貢獻有限的性別議題上。特別是現在已經是ＬＧＢＴＱ的時代，對於性別與性傾向的定義與選擇，已經有不同於以往的發展，若你或妳還被這件事綁架，在職場上可能只會感覺到越來越受限，而不是越來越有彈性與空間。

我在教練學校培訓教練時，會提醒他們在教練會談中要留意「權力爭奪」（power struggle）這件事。這其實是個中性字眼，指的是進行教練會談時，教練應該把主導權交給對方，以對方想要的方向、對方選擇的節奏，去完成一場讓對方最終願意負起責任的對話。我認為，這種敏感度不是只有學習教練的人才應該具備；所有人都可以提升對這個狀態的自我覺察。我們要對「默認權威」有意識，主管之於部屬、父母之於孩子、老師之於學生，都有默認權威，都可能使權力感比較弱勢的一方，無法完整呈現自己的真實狀態。若你想要讓對方真心分享或擁有某件事物，那麼把權力交給對方，是很重要的一步。很多時候，權力較大者於言語間顯性與隱性的引導不斷，最終卻認為是會談對象不夠負責任，這樣真的是沒完沒了的惡性循環。

我自己的經驗是，遇到對權力不敏感的人，我可以自然而然地循循善誘，尊重對方的「流」。對於強勢的對話者，為了創造對等關係，我會運用較大的能量；對於能量較弱的人，我則會不由自主地啟動一種希望協助或保護對方的能量。關於這個課題，我花了很長的時間才鍛鍊出一些成果，看得懂自己與他人對權力感的需求及呈現。然而，就算看得懂，也不表示每次都能成功調整與處理當下的情境；有時，對峙的能量一個氣沒順就衝出去了，也有時一個不小心又把對方的議題背到自己身上。

我們經過日積月累的資訊與經驗，是我們的養分，但也可能是我們的干擾，致使我們帶著慣性濾鏡去詮釋事情。我們要更有意識地知道自己認定的「真實」，可能會影響我們解讀事情的觀點，以及處理事情的態度。

重點是做了什麼，不是說了什麼

一位朋友的公司，每年有著兩位數的順利成長，到了業績高點時，創辦人並不戀棧光環，認為是時候往後站一步，培養接班人。他知道自己有極高的創意與能量，但對管理的興趣不大且能力不足，他希望由更好的人來帶領公司創造下一個榮景。因緣際會之下，他認識了一名足以擔任執行長的人選，經過幾輪正式與非正式的互動，更是認為這位高階經理人簡直是天上掉下來的禮物，有著大公司資歷，也在小公司蹲過；有在業務成長期衝刺的能量，也有陪伴組織度過低潮的經驗。這名經理人信誓旦旦地說，要跟他一起將品牌帶到國外！他認為這真是可遇不可求的機運，有了如此完美的人加入，一切必定就會順風順水了。

殊不知，這是災難的開始。因為要尊重對方，所以對於策略與戰術不贊同時，覺得就放手讓他試試吧。對於用人或用錢的看法不一致時，覺得就支持他吧。團隊開始有聲音出現時，覺得就多給他一點時間吧。這裡退一步，那裡讓一點，時間久了，他當初花那麼多時間捏塑的公司文化與價值觀，似乎一點一滴地消逝了。朋友說：「我並不是抗拒改變，但總得越變越好吧。」

當然，我只有聽到朋友這一方的說法，這位繼任執行長吃了多少苦黃蓮，我無從得知。一年後，這位擁有完美背景的執行長在不太愉快的情況下離職了，中間不乏一些情緒化的過程，例如，他因為意見不合就憤而離開核心高層的群組，或是不只一次在重要會議前消失，讓所有人乾等。朋友一臉苦惱地問道：「到底有沒有辦法事先預測這個人？」我沒有答案。就像婚嫁，誰不希望尋尋覓覓的對方，能與我們一起創造美好的未來？但總是有些價值觀與行為，得在極度的情境下才會顯現：壓力大的時候、窮困的時候、苦盡甘來的時候、出大事的時候……。別說對方，你自己都不見得確定自己在這些時刻會呈現什麼樣的姿態。我說：「**認識一個人，要看他做了什麼，不是聽他說了什麼。**」不知道是先天性格還是後天訓練，我認為要說好聽的話還不簡單，但要把事做得漂亮，就不是人人都做得到。

每個名詞的背後，都是動詞的累積。不像名詞給人一種塵埃落定的感覺，**動詞是活的、流動的、有彈性的，而你也是。**

巴菲特的波克夏海瑟威（Berkshire Hathaway）公司，彷彿是一隻會下金雞蛋的雞，長年為股東創造驚人報酬。他接受媒體採訪時曾說：「投資訣竅就是你坐在那裡，看著各種機會來來去去，只專心等待你想要的那個最佳擊球位置。別人可能會說：『揮棒呀，笨蛋！』你要忽視他們。」而能夠支持他等待的，是他經年累月看財報的興趣與功力。長期以來，他日復一日地翻閱著一本又一本枯燥的各家公司財報，從萬千個數字中看到明星企業成長優勢的蛛絲馬跡，進而為自己與股東帶來不可思議的超高收益。巴菲特的動詞，是「閱讀」。

我的神經語言程式學（NLP）老師，年紀比我小幾歲，我在因緣際會之下被他操作過幾次NLP，對其所能造成的轉化效果感到驚奇不已，進而向他學習，從初階執行師開始，一路走來，最後拿到高階執行師的證照。那時有一段近兩年的時間，我陷於不知道自己該做什麼的混沌狀態，想聽從心裡的聲音創業，又放不下穩定月薪的安逸；想玩A，又覺得B也很適合我；想跟X合作，又發現與Y結合應該也有很多火花。總之，整個人陷在貪婪又糾結的狀態裡無法自拔，總覺得做任何一個選擇都不夠好或不夠甘願。有一天在課堂演練後，我問老師如何能在那麼年輕時就知道NLP是他的天命？為何願意放下一切，進入NLP這個殿堂鑽研？他說：「取捨罷了。」

「取捨」，如此簡單又蕩氣迴腸的兩個字！

我做不到老師的瀟灑，但也試著用紙筆寫下人生中的重要事件，再將我在這些事件前、中、後的行為寫下來。我發現在人生重要轉折前，常出現的幾個動詞的頻率分別是：「選擇」四次、「釐清」三次、「爭取」兩次、「享受」一次、「行動」八次、「抓住機會」三次。這樣的自我檢視滿好玩的，讓我赫然發現，使我的人生有所前進的常用動詞是「行動」，而不是我引以為傲的「思辨」或「自省」。

在那麼多喜歡的詞彙中，「行動」開始有了專屬的位置與重要性，在徬徨或選擇的時刻，「行動」很容易浮出來指引我——先做做看再說！我更願意冒一般人不願冒的險、嘗試我過往會猶豫再三的選項。與其用頭腦選擇，我更傾向於相信我的行動與直覺，讓身體感受來帶領我的路途。**行動，能使你的真實變成事實，許多時候你並不知道走下去的結果是好是壞，但走出去才有機會看到沿途的風景。**

CHAPTER

03

掌握資源——支配資源，而不是被資源支配

錢不是萬能，但沒有錢萬萬不能

資源就是三種：金錢、時間、人。

金錢是什麼？讓你用一句話或一個詞形容，你會怎麼形容？

在獵頭公司工作的那幾年，我面試過數千名年薪兩百萬到三千萬的專業經理人，他們大多儀表堂堂，很清楚如何表現自己的優勢，對於如何在有限期間內做出績效，也都很有一套。因為知道自己的價值，在薪資談判的過程中也常採取有禮貌的堅持。至少有

七〇％的人認為理想生活是取得工作與家庭的平衡，約二〇％的人提到希望擁有更健康的身體，其餘的就是希望能固定帶家人出國，有空學自己一直想學的東西之類的。如果有個工作能增加三〇至五〇％的薪資，又能讓他們達成上述任一件事，就是夢寐以求的人生。金錢對這些專業經理人而言，是代表穩定幸福的象徵。

後來，我去中國大陸兩年，公司的業務是幫富人管理財富，內部談的是複利、金融等投資語言，外部對話則完全不是我過去熟悉的世界。那時公司鎖定很早便前進中國大陸的成功台商，他們有一些共通點：名不見經傳，口袋卻很深，若有貸款通常只是因為企貸窗口跑得很勤快，所以幫忙做一點業績；一旦銀行要調高利息〇．一％或廢話太多，他們可以馬上微笑著把錢還掉，直到下一次心血來潮時，又有哪個窗口打動他們，就意思意思再挪動一下錢。

我那時候特別佩服某個老闆，他對於「億來億去」的大數字是不需要用計算機的，我用Excel或計算機都跟不上他的計算速度。這群成功台商談的是該做些什麼，讓公司更不可撼動，讓產業裡的玩家能彼此競合，讓錢再滾出更多錢（即便我覺得他們已擁有三代都花不完的錢，或者其實他們根本沒時間花錢）。我看見與感受到的扎根，是「面」的鋪陳與長期發展的企圖心。有趣的是，他們一方面精打細算、斤斤計較，但另一方面對於政府公關或地方公德，砸錢也是毫不手軟，沒半句贅語。

我看過一些名片上掛著某某五金或某某開發的董事長，在見面時熱情推銷厲害石頭、珍貴茶葉或治百病的枕頭，我總認為不太可靠，但這些成功台商卻老是會出手交易，甚至開口要對方給點面子打個折。我以為那種飛天遁地的話術根本就是騙子，後來才知道，那是落魄或週轉不靈的台商為了保住工廠與面子的手法，但大家也不戳破，配合著認真演出，義氣相挺一小段，反正地球是圓的，人情留一線，日後好相見。錢對這群成功台商而言，是借力使力的工具。

我待過一家需要募資的公司，那兩年募資到連我的頭髮都迅速變白了，當時曾與各式各樣的金錢擁有者打交道。有些富二代到處看案子、問些問題，卻一個都沒投資，因為可動用的資產根本還在上一輩手裡。有些禿鷹型投資者，不談好車、只談遊艇或私人飛機型號，據說他們和幾個朋友通個電話就能左右台灣股市；但你要他的錢，他要你的全部。不過，也是有天使型投資人，喝杯咖啡後，既沒寫借據，也沒討論還款時間或對價關係，便將幾千萬匯出去救急。對這群具備投資實力的人而言，錢是權力，是可以彰顯與放大影響力的玩具；他們支配錢，而非被錢支配。

我是普通家庭出身的人，沒有富爸爸或富媽媽。想出國時，得掂掂斤兩再決定去法國還是泰國；想辭職不幹時，得看看存款才允許自己能休息多久。簡而言之，我屬於上述汲汲營營的第一種族群，但因為有機會遊走到上述第二與第三種人的世界，看到他們對待錢的觀點與方式，使我開始認知到：**錢是我們所有輸入的總和產出，是結果、而不是目的**，是最終都不會屬於我們的身外之物。唯有理解並看透這點，才不會時刻被金錢綁架。

對組織而言，金錢是決定公司願景能走多遠、多久的工具。有一個很重要的基本認知是，資本不是無上限的；所有的資金運用，都必須有邏輯和道理。這些年來，與眾多組織及經理人打交道的過程中，我體悟到一件事，那就是資本使用的優先順序，正是該公司領導人最在意「什麼」的展現，因為預算是有排他性的。比如說，獲利穩定的情況下，有些公司會投資於產品研發，有些公司願意投資於人才培訓，也有些公司只聚焦投資在與業績直接相關的拓展上。不同的運用邏輯都沒有對錯好壞，但要謹記在心的是，不同的資金運用會創造出不同的成果，而主事者要甘願或概括地承受。

時間不是無限的，有些事就是有執行的最佳時間

時間是稀缺資源，但很多人卻不夠珍惜時間，或許是因為我們不用付出努力，睡一覺醒來後，時間帳戶裡就會自動「儲值」。這種自動回血的機制，讓我們誤以為自己能有用不完的時間。若時間是金錢，我們還會這樣恣意揮霍嗎？我很喜歡電影《鐘點戰》（*In Time*）傳達的概念，將貨幣單位變成時間，深化了生命跟時間的連動感。在這部片中，你的生命剩下多少時間，時時刻刻都能從手上的植入性晶片得知，所以你連等車、坐車、步行的時間都得掌握好，免得在路上就因為時間用盡，導致生命戛然而止。

我下載了一個手機app，叫做「倒數日・Days Matter」，輸入幾個對自己有意義的日子之後，系統便會自動算出距離那個目標日期相隔幾天，例如：

- 距離我八十歲還有：11,747天
- 距離母親八十歲還有：3,302天
- 距離女兒十八歲還有：1,123天
- 距離我出生已經：17,473天
- 距離女兒出生已經：5,451天

這東西平常不看沒事，看了便會對時間的流動很有感覺。朋友常會認為我很不可思議，怎麼能夠同時開展許多事；母親與兄弟姊妹因為愛我、心疼我，常說我瘋了，不要命似地燃燒著自己，到底為什麼？我需要用這些事情來證明自己的價值嗎？也許有一點。我想賺更多錢嗎？或許也有一點。但這些似乎都不是使我把日子過得這麼滿的主因。我這樣活著，只是因為我想這樣活著。難道一定得有冠冕堂皇或合情合理的理由，才能讓自己好好體驗人生嗎？時間如此有限，「體驗」本身不能是一個目的嗎？

工作上，我錯過最佳時機的例子有很多。募資時，一名投資人曾跟我們吃過好幾次飯，開過好幾次會，看過我們團隊，我們也去過他的辦公室，投資意向書也簽了，但是，對方的錢就是沒匯進來。那段時間，資金的調度很困難、也很緊張，每一筆款項都卡得死死的，一個意外就會伴隨著許多跳票風險和道歉。與他約定的幾次匯款時間都被放鴿子，於是我們跟他說，其實若不想投資了也沒關係，跟我們說一聲就行，讓我們及早做準備。但事實上，我們也沒什麼好準備的，形勢比人強，能借的錢、能打的電話、能申請的額度，都用盡了，所以只能眼巴巴地、一次又一次承受著期待落空與追款的難堪。其實，若有足夠的勇氣與智慧，直接放掉這條線，會使我與當時的團隊省下許許多多的寶貴時間。

不過，我有掌握到較佳時機的時刻也不少。我們與某個品牌的合作方式是代銷，每月結算銷售量，再支付貨款。由於是對方主動來找我們，所以配合度很高，但問題來了，他們的品牌知名度在台灣幾乎是零，在銷售上非常困難。我們雖然不用囤積進貨成本，但每月要準備的營運資金也不少，因為他們要求開設在百貨公司，而商場的包底及各式罰則，令我們備感壓力；現金流不足時，任何一個破口都會使我們陷入動彈不得的情境。我接手後，花了一個月的時間觀察，便決定結束這段三年的合作關係，除了資金的捉襟見肘之外，主要是因為這條商品線跟我們其他商品之間一點加乘效果都沒有，完全難以發揮綜效。跟感情一樣，處理其中一方還不願意結束的關係，其實很不容易，但最終我還是順利地收斂了品牌與商品組合，及時止血。

上述兩個例子，發生在同一時期。每個領導者都會面臨跟我一樣的情境，那就是**好事和壞事通常是連環不斷地交錯發生**。很少人能有那種奢侈，能夠好整以暇地等自己準備好，才去進行什麼重整。我們必須時時刻刻做出決策，而掌握決策時機，很多時候就決定了決策的品質，甚至能在不多投入資源的情況下，創造更好的成果。

至於判斷時機的方式，我想分享一個「風險矩陣」的評估方法，協助你判斷何時可以加碼、什麼情境再等等也無妨。

以發生頻率為橫軸，生意影響度為縱軸，會得出四個象限：

一、第一象限：發生頻率高，生意影響大↓屬於高風險，應立即處理

有些情境，明明是肉眼可見的災難，但卻因為很難處理或處於三不管地帶，造成大家竟然眼睜睜地看著這種行為持續對公司造成負面影響，這有點匪夷所思，特別是安全界線的問題。比如說，瑞銀集團有上萬名的交易員，二〇一一年時，由於一名基層交易員動了一個手腳，竟然使銀行的損失超過二十三億美元，相當於新台幣七百億元的巨額虧損。或許有很多人認為風險管理是最高層老闆的事情，但我不這麼認為；每個人都要知道自己為公司把關的風險層級位置。

二、第二象限：發生頻率低，生意影響大↓屬於中度風險，應有確切風控機制

有些事情不常發生，但一發生就有可能使過去好不容易打下的基礎毀於一旦。

舉個例子，我有一位朋友是性情中人，交遊廣闊，性格熱情又有活力，聽到其他朋友的邀約合作，常會興奮不已。他的投資決策完全憑直覺，因為他過去確實因為幾次正確的直覺而創造出一些成果，但問題是，他會選擇性地遺忘他的錯誤直覺對公司造成的負擔與災難。若是發生在他已經攢了很多桶金的前提下，倒是沒關係；但當團隊資源十分有限，包括資金與人力都已經不太充足時，任何一種「浪漫」決策，都可能使公司的情況突然螺旋往下，甚至造成營運戛然而止。這時便需要設計一套投資決策標準，使重要的投資能夠有所依歸。

三、第三象限：發生頻率高，生意影響小↓屬於低風險，應優化流程配套

有一家咖啡廳是網紅名店，光鮮亮麗的客人絡繹不絕，常常一待就是半天，不斷在不同光線下擺拍飲料與糕點的各種角度。這間店的外帶人潮也很多，所以店員常常處於連上廁所或喝水都沒時間的狀態。問題是什麼呢？他們大概每一兩天就會收到「店員來加水的次數很少」的抱怨。對生意有很大的影響嗎？倒

也不至於，但頻繁的客訴總是會使團隊的心情受影響。當工作團隊忙到昏天暗地時，顧客的一句情緒反應的話語，甚至只是中立客氣的要求，都有可能引發不必要的負面氛圍。於是，有位夥伴在開會時提出：「是否能設立自助倒水區？」雖然有人擔心有收取服務費，會不會因此被抱怨沒服務，但這樣的客訴一次都沒發生過。這是十分典型的第三象限例子，一些看似無傷大雅的事，若解決起來也不需太多成本，儘快處理才是上策。

四、第四象限：發生頻率低，生意影響小→屬於可承受的風險

有一間上櫃公司，他們的辦公室設施相當不錯，有籃球場、健身房、桌球室等建置。企業文化也算是開放型，有一個機制是任何人都能匿名提出對公司的建議。有些建議是關於產品或服務，的確為公司帶來一些新意；但有些建議或抱怨，則讓人覺得過頭了些。有一次，該公司的人資跟我說，這些年來，收到兩次希望公司興建游泳池的建議，因為他們「不喜歡球類運動」，還有一位同仁

反映：「這週員工餐廳竟然出現兩次茄子，我真的很討厭吃茄子，這影響我的食慾，合作廠商太不用心了，建議更換。」我聽到後啞然失笑。就算親娘為我們準備三餐，也不會餐餐菜色都令人滿意，那麼對於公司，為何會有這樣的期待呢？這種對生意無立即影響，又較偏向個人喜好的問題，就可以等到有空再處理。

搞懂關係，才知道該創造或交換什麼資訊與資源

許多人會一起談論著某些無關緊要、不痛不癢的事，卻對一件很明顯的事情或風險採取集體漠視，也就是對房間裡的大象視而不見，而大象很多時候都跟人有關。迴避大象並不能使問題消失，反而可能因為沉默或拖延，使得問題往更嚴重的方向發展。

假如你真心想成為一流的領導者，得到工作上的成就感與相對應的財務自由，就必

須成為那個不漠視大象的人。這件事說難不難，說簡單也不簡單。原因是，其實大象明顯到任何人、不用太聰明的人都看得出來，大家都知道那是個問題，因此若你提出來，並不會引發太多反對意見。困難的地方在於，你是否有勇氣成為那個面對後續衍生的情緒、甚至代價的人？房間裡的大象是真真切切的存在與積習，大家長期裝聾作啞，難道不會影響團隊效能與彼此信任？大象很糟糕，但沉默的人也是幫兇。大象被困在房間裡，哪兒都去不了；若能越早扼殺問題，就有機會使有限資源不會被不必要地浪費。

我年輕時，老闆的老闆是個能力非常、非常強的人，邏輯清楚、節奏明快，我很佩服他。不過，他有時會開很不好笑、甚至帶有人身攻擊的玩笑，但因為他的地位與強勢，所以大家都不會當場回嘴，而是附和地笑。有一次，我負責的專案的進行速度很快，客戶反應也非常好，老闆的老闆在超過二十人的業務檢討會議上，狀似輕鬆地對我說了一句：「速度這麼快，該不會是走了什麼捷徑吧？」因為他的口氣很戲謔，大家就跟著笑了，我卻覺得備受侮辱。那時我是新人，也沒在會議上說什麼。會議一結束，我便請老闆跟我一起到老闆的老闆辦公室，然後當著他們兩個人的面說：「我要離職。」

他們非常驚訝，問為什麼，我說：「我覺得這裡有非常不尊重人的文化。」接著說明剛才那個「捷徑」事件，對我來講是對人格的侮辱。老闆的老闆說：「開個玩笑罷了。」

我說：「我覺得一點都不好笑，我也認為你應該去確認你每次的玩笑有誰真的覺得好笑。」

他不愧是我欽佩的人，馬上正色跟我說：「造成妳不舒服的感覺，對不起。」

那時我才二十多歲，也不知道自己哪來的膽量，但從結果來看，我應該是做對了什麼，因為老闆的老闆再也沒有對我、甚至任何人開過不恰當的玩笑（至少在我參與的會議中沒看過）。此外，有些資深前輩來跟我稱讚，說我能使他停止這種行為，真的很了不起。其實以前有許多人因為被老闆貼上奇奇怪怪的標籤，而感到很不開心。我認為，老闆的老闆也許只是不知道這樣會引起他人的不舒服，也沒拿捏好開玩笑的分寸，但卻因為大家基於各種理由的集體隱忍，使他持續做出這種行為，造成很多根本可以不用發生的不舒服時刻。

釐清利害關係人的網絡之後，就會知道跟誰該建立什麼程度或角度的關係，也會讓事情的推進比較順利，因為你會知道應該創造或交換什麼方面的資訊、甚至利益。關係人有幾種：

一、發起者：為什麼是由這個人發起？是因為權限、責任、利益還是痛苦？

二、決策者：誰對事情擁有拍板定案的權利？

三、支持者：誰的支持對事件會是有利的？

四、行動者：過程中需要哪些人來執行？

五、布達者：哪些人需要被告知進度或結果？

組織目標的實現，是由各個工作崗位的人相互協作所創造出來的成果，其中任何一個環節的疏漏，都有可能使效率大打折扣。

別高估了「關注圈」的重要性，小看了「影響圈」的威力

世界上有兩種事，一種是你關心的事，另一種是你不關心的事，例如，你生活在台灣，就不會關心巴黎是否正在下雨。若你沒有要飛去巴黎工作或遊玩，你大概不太會在意這件事。大腦有個功能，會自動過濾與屏蔽你不感興趣的資訊，如此才能應付每天數以萬計的資訊量。

在關注圈裡，又分為兩種類型，一種是你能夠影響的事，一種是你無法影響的事。比如說，你可能會關心俄烏戰爭何時結束，但這不是你能夠左右的事。因此，要將精神聚焦在你可以影響的地方，才不會對你的能量造成不必要的消耗。若你因為巴黎已經連續下了一週的雨而感到莫名心煩，那是給自己找麻煩。倒不是要你自私自利、只顧自己的事，而是希望提醒你，**為你在乎的事情做點什麼，才是更有意義的**。例如，你認為小農是相對弱勢的族群，你擔心他們的生計，那你是否願意多購買小農產品、真正支持他們？又例如，很多農民不擅長建立與維護品牌，那你是否能透過你的專業，以任何形式

協助他們或共同合作？

明白你能夠直接與間接影響的範圍，就決定了你能多有效地運用你的資源。統一企業創辦人高清愿，有一次到歐洲參訪食品研發公司時，發現研發新產品還得徵求經銷商同意，使他意識到通路對製造商的重要性，於是回到台灣後，他便於一九七八年成立統一超商股份有限公司，並於一九七九年引進美國7-Eleven，改寫了通路的遊戲規則，影響千萬民生。當然，因為消費習性不同，統一超商並非一開始就獲利，但他持續調整行銷、物流、產品操作，於一九八六年開始獲利後，如今在台灣超過六千家門市，穩坐台灣最大連鎖零售商的地位。他將他的關注圈，直接轉換成了影響圈。

另一個例子，則是把影響圈做小了。有一次到日本跟原廠開會，對方雖然沒有上市，但絕對是該領域數一數二的龍頭老大。我與同行的兩人風塵僕僕，從機場直接殺過去開會。我方能做決策與相關的執行者，最關鍵的就是我們三人，而對方公司的核心人物也會出現，因此我們信心滿滿，這次一定能拿下這件討論超過一年的合作案。到了會議室，裡頭有個大長桌，正當我們還在推算關鍵人物會怎麼入座時，對方的人開始魚貫而入，一個接一個，業務部、資訊部、行銷部、法務部、物流部、專案小組，夯不啷噹地來了十五個人，光交換名片就搞了一會兒。然後，第十六個人來了，他才是主角，是公司的副社長，也是社長的弟弟，如此的地位與陣仗，我就不相信一個小小的海外合作案搞不定。

我不會日文，因此，兩位同行的人有禮貌地與對方有來有往地交談著，遇到需要我說明或表態的時候，就會詢問我的意見並幫我翻譯。不同部門的人，倒不像是來湊人數，也都有平均發言，或許是事先被交代要有所準備，也可能是此案已經往返很多次，因此需要評估的議題大致都已經討論過，現在比較像是再說明一次給高層聽。經過約兩小時的會議，問題都答得差不多了，大家很有默契地一致看向副社長，等待他做出最終決定。然後他說：「好的，沒問題。」我都還來不及高興，他馬上接著說：「我會跟社長再討論看看。」

我們差點沒暈過去。所有相關人都在這張桌子旁，也很符合日本的共議制，而他們那麼多人，花了那麼多時間，最後竟然還是得等大老闆決定?!我心中充滿疑問，倒不是在乎合作案能不能成，因為我們能做的都做了，所以對於結果是保持開放態度。我們純粹是對於這樣的集團如何能有效運作，感到很好奇。或許就是因為老闆說了算，所以公司的走向與執行細節都能照著他心中的擘劃一一實現，也才能打造出如此的地位與口碑。但是，其他人不就完全不需要或無法鍛鍊其決策能力了嗎？誰還願意或懂得扛責？出問題的話，誰會想要跳出來？

將影響圈裡的資源做大還是做小，是一種選擇，也是一種習慣。能掌握資源的有效配置、看得懂不同資源的影響，就是能創造價值與解決問題的人。

CHAPTER

04

預測走向——看起來沒發生什麼，不代表沒什麼在發生

《如果巴西下雨，就買星巴克股票》的作者是哈佛大學經濟學博士彼得．納瓦羅（Peter Navarro），這本書是要教你看準標的，克服波動，做出對你有利的交易。我倒不是想講投資這件事，而是對作者提出的邏輯路徑覺得很有感：為什麼巴西下雨，可以去買星巴克的股票？因為巴西下雨→咖啡豆豐收→咖啡豆價格下跌→星巴克成本降低→星巴克利潤增加→星巴克股價上揚。

這種類似蝴蝶效應的概念，在職場與工作上層出不窮，但你是否有意識到，並且做些什麼去預防或創造呢？

在你在意或喜歡的領域沉浸得夠久，才能看見別人看不見的

紀錄片《散戶大戰華爾街：GameStop傳奇》（*Eat the Rich: The GameStop Saga*）講的是二〇二一年初，一群股市小白眾志成城，尬空對沖基金公司，使美國一家即將倒閉的遊戲銷售商「遊戲驛站」（GameStop）的股價飛漲近二十五倍，從不到二十美元飆升至四百八十三美元，讓一些散戶一夜致富。遊戲驛站是一間現金流量已經嚴重不足、遲早會破產的公司，這時若對沖基金做空，股價會加速下跌，等於提早對公司宣判死刑。一般來說，被賣空七至一〇%股本是較常見的比例，超過五〇%就是極高的風險，而遊戲驛站公司卻被做空一四〇%。一般人的解讀會是華爾街的基金公司對這場對賭非常有把握，認為自己穩操勝算。

有一個免費交易軟體app「羅賓漢」（Robinhood），是散戶分享投資心得的社群，大家會在平台上分享買了什麼、賺了多少、賠了多少，甚至是從哪裡跳樓風景最好。其中有個操盤手周艾文（Alvan Chow），在一四〇%這個數字裡嗅到了特殊的味道，他認為

被做空的股票占股本的一四〇%是不合理的數字，那表示股票可能被借出了不只一次。他將自己的見解分享在網站後，引起非常多散戶的認同，很多散戶的父母是二〇〇八年金融海嘯的受害家庭，他們經歷家中房屋被拍賣、親友失業，導致他們難以回歸正常生活的日子，因此對華爾街的基金公司與裡頭的菁英分子，有種仇恨或仇富的心態。那時，遊戲驛站的股價已經跌到六美元，周艾文號召散戶集中火力買入來對抗基金公司，再加上幾個名人的追捧（包括伊隆．馬斯克〔Elon Musk〕），使得遊戲驛站的股價一路失控飆高，這當然也埋下日後散戶被當韭菜收割的局勢，眾多基金公司也因此產生了數十億美元的損失。

此處值得玩味的地方是，對沖基金公司裡有許多專業人士是從金融工具彭博（Bloomberg）中得到大量專業資訊，那麼非金融背景出身的周艾文，為何能憑著自己的研究，就種下這起史詩級事件「鄉民扳倒華爾街金融巨鱷」的源頭？

這部片跟《大賣空》裡事先預測到全球經濟崩壞的局外人，有著異曲同工之妙。這群有「先見之明」的人，究竟是如何做到的？我猜想，他們對於關注的事，絕對不會只是每隔三五天才去翻找一下資訊，而是會扎扎實實地浸泡在一堆調查裡，測試或驗證自己的想法是否合理，並不會盲目地聽從眼前的資訊。

職場上很多人都是想到什麼講什麼，但想法毫無根據，單純只是「感覺不對」。倒不是說完全不用管直覺，有時，直覺的確能帶來一些保護或創意。但若是跟個人資金或公司資源連動的相關決策，一定要有足夠的分析，才能下判斷，而這些分析與判斷，必須是由浸泡在相關領域裡夠久的人來執行，才更有可能相對快速地抓到關鍵思考點。對於公司未來的發展方向，有太多主事者過度依賴自己的直覺，這樣確實很浪漫、有魄力，但這種決策方式其實跟賭博沒什麼兩樣。

嘴上悲憫或說說策略誰不會，能持續發揮影響力才是了不起的事。我有一個朋友，十幾年來持續不間斷地出力支持腦瘤疾病相關的協會。有一次我們碰面，我問他在忙什麼，他說想為腦瘤病友解決性慾方面的事，他們只是生病，不代表沒有性需求；身障人士體內的性賀爾蒙，和你我沒有什麼分別，但有些重度身障人士連自慰的能力也沒有。他說，雖然義工團體「手天使」於二〇一三年正式成立，以實踐及正視身障者的性權為理念，承諾為每位重度身障者提供最多三次的免費手交服務，且不會收取任何金錢，以實際行動來表達他們支持的信念，但截至二〇一九年為止，其實也只完成了二十五次服務。這表示台灣對於性這件事還是相對保守，更別說對於不同類型身障者的性事，並沒有太多解決方案。這是我連想都沒想過的事。令我敬佩不已的是，這位朋友數年來真的是完全把病友的身心需求放在心上，而不只是沽名釣譽或沾沾醬油。

過濾「雜訊」與總結「資訊」，以提高勝率

一直以來，我常常需要協助不同的創辦人建構或深化組織文化，儘管我熱愛這件事，但有時也不免覺得這真是個浩瀚的領域，有不得其門而入之感。我有一位朋友很愛讀書，他建議我不妨去看看大量的人物傳記。

他提醒我：「要找企業家親自撰寫的，或是口述之後由他人代筆的傳記，不能是第

三方寫的。」我問為什麼，他說：「你要掌握的，是那些創辦人究竟是因為什麼樣的人生經歷或思考路徑，才做出日後的選擇，創造了目前的企業成就，而不是那些第三方所解讀的路徑。因為每個人看待自己、他人、環境、事件，都會戴上自己的濾鏡；你得找到最原始的資訊，而不是過濾後的資訊。」

因此，我開始對於區分「雜訊」與「資訊」有了一點概念，但還不是非常熟稔，有時會將「雜訊」誤以為是「資訊」，過度認真看待。例如，年輕時，拚死拚活地趕出了一份簡報，同事輕飄飄地說一句：「老闆好像不是很滿意。」我就會不由自主地啟動負面情緒，認為老闆看不懂我、沒日沒夜的努力是為了什麼、他那麼厲害可以自己來做啊……問題是，老闆真的不滿意嗎？老闆不滿意的地方在哪裡？有經驗的老闆所希望加強的地方，也許真的能使簡報更有力量，不是嗎？若我腦筋沒有斷線，不要馬上腦補，而是鼓起勇氣直接向老闆提問，可能就會得到有用的「資訊」，而不只是沒什麼憑據與意義的「雜訊」。

然而，有時候，我們是否有可能將重要的「資訊」視為不重要的「雜訊」？為何會如此？我認為這跟資訊被傳遞或呈現的方式有關。我做教練時，有些主管會描述他們對部屬不滿意的地方：「都跟他們說過好多次了，卻沒見到成效。」

我問：「你是怎麼說的？」

他們答道：「交代完要處理的事情後，有時會利用一點時間，順便提到希望他們改善的地方，例如團隊合作精神之類的。」

缺乏團隊合作精神這一點，會是用「順便」（by the way）的方式，就能被下屬認真收到的嗎？若他們是天生有團隊精神的人，早就做到了，但他們無法依賴天生的特質或信念去呈現出團隊合作的行為，便意味著他們絕對需要旁人的協助，使他們突破或鬆動原本的盲點，進而做出不同的選擇。但是，主管卻認為以一句話輕輕帶過，就能看到不同的結果？

這個世界越來越複雜、多元，我們處在資訊超載的狀態，很多人不知道如何處理或篩選大量（甚至是過量）的資訊。在公司有限的資源下，要預測事件的可能發展路徑，就必須鍛鍊區分「資訊」與「雜訊」的能力：

- 哪些資訊之於達成所欲目標是必須掌握的？
- 哪些資訊對於達成所欲目標是不重要的？
- 哪些資訊源是必須追蹤的？
- 哪些資訊源不需要被放大解讀？
- 哪些資訊是依據事實的預測？
- 哪些資訊是依據直覺的揣測？
- 哪些資訊是因？
- 哪些資訊是果？
- 哪些資訊與達標有連動？
- 哪些資訊會干擾達標？

未經處理（processing）或選擇（selecting）的資訊，是沒有意義的文字或符號，不僅不能成為助力，甚至可能成為阻力。

想預測走勢，得先掌握模式

我從來搞不清楚節氣，偶爾去傳統菜市場，會聽見賣菜大嬸說：「現在高麗菜最好吃，符合時令，又甜又便宜。」他們是以此維生的專業人士，但我的親友們也會說：「萵苣是春天的蔬菜，青棗是冬季水果。」他們甚至覺得我很奇怪，怎麼會搞不清楚？然而我納悶的是，這是常識嗎？

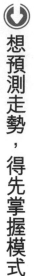

事實上，不管我們熟不熟悉、在不在乎，有些模式都會以規律的節奏進行著。某些模式具有顯性，例如四季，你會為冬季備上厚重棉被、衣物、暖爐，這些準備使你在低溫下仍能正常運作。比如說月經，很多女生就是不自覺地受到賀爾蒙影響，情緒起伏大，在每個月的那幾天容易產生低落感或衝突。

不過，有些模式比較隱晦，而且人人經驗值不同，因此我們比較難精準辨識出這些模式，也不容易做準備。例如，有的人因為從小生活在大家庭，習慣看人臉色生活，喜歡當觀察者，進入職場後便不會在第一時間表達自己的意見；你問這類的人意見時，他們通常會支持多數人選擇的選項，他們的yes，其實不見得是真的yes。在親密關係中，這樣的行為則容易使對方無法掌握真正的需要或想要，造成許多錯失或錯過。

有一項研究指出，人類的大腦只使用了二至五%（據說愛因斯坦使用了一〇%），每人每天產生的眾多想法中，有百分之九十五跟前一天的想法是相同的。但諷刺的是，我們每個人都希望擁有比昨天更好的生活，卻沒有人想經歷改變，因為過程中要付出的代價很辛苦，跟不確定感共存的難度太高、太可怕，所以大多數人只是日復一日地重複著相同或類似的挑戰。

我很喜歡吃一家路邊餐車的早餐，賣的東西不多，只有飯糰、蔥油餅加蛋、奶茶、豆漿。這家店的油條是炸過兩次的，肉鬆給很多，每口咬下去都是滿足感，所以不管我有沒有在減肥，只要有機會經過就會忍不住買上一份。有一件很有趣的事是，我每次都會說不需要提袋，老闆熟練地包著飯糰的同時，嘴巴還在說「好，不用提袋」，手卻不由自主地伸向紅白提袋的位置，而我通常得再說一次：「不用提袋喔。」她便會不好意思地笑著說道：「對，才剛講完馬上就忘了。」重點來了，因為生意太好，她請了一位年輕幫手協助裝袋找錢。過一陣子再去，這個年輕幫手已經可以幫忙包飯糰了，我同樣說「不用提袋」，年輕人同樣回說「好」，但手仍忍不住去扯提袋，而年輕人手腳更快，電光石火間就扯了一個提袋下來。我只好摸摸鼻子，大概是提出如此要求的客人不夠多，不足以撼動他身體的記憶。

這個觀察讓我覺得很有趣，因為跟組織的行為是一模一樣的。但凡高層想要新的行為發生，卻沒有經過有意識的機制設計，若想要打斷眾人的自動化，幾乎是不可能的；因為日積月累下來，不只是思考路徑，連身體的慣性都已養成。偏偏我遇到很多老闆，可能在年初喊話過一次，每季檢討過一次，幾次之後就心生埋怨，認為團隊跟不上自己的步調，大家都抗拒改變。

抗拒改變是人性。若要看到違反人性的結果發生，當然要由根部處理。**慣性很可怕，不知道自己被慣性影響著更可怕**。模式是個說不清楚，卻真實存在的東西。要改變自己或他人的行為，不能只從行為下手，得去調整或鬆動模式，才會有新的可能性跑出來。**支持著我們過去二十年的模式，不見得是最能支持我們實現未來二十年目標的模**

式。因為我們長大了，見識變廣了，能力變強了，欲望變多了，遇到的問題也更複雜了。所以，我們應該不時重新拜訪一下我們的模式：

- 哪些模式值得保留，使我們得以繼續享受這些模式為我們創造的價值？
- 哪些模式需要鬆動，透過擴大或調整定義，使我們能在同一個模式中看到不同的風景？

某些模式需要功成身退，因為在往前走的過程中，那些模式為自己帶來的阻礙可能比好處多。這時，人性會本能地排斥，因為人都不喜歡改變；要放下陪伴自己這麼久的模式，會衍生很多抗拒與恐懼，所以要來點儀式感。是的，並不是只有達成什麼具體目標才要有慶祝的儀式感；告別摸不著、見不著，卻真實存在的模式，也可以用儀式感來與之溝通。

當你願意選擇從模式去扭轉自己的看法，你的許多做法將有所不同，也會使你為自己的人生寫下不同的故事。想要得到「模式的力量」，可以從三種角度去鍛鍊：

一、辨識模式的能力

不要只是停留在事件的處理，**要看見事件或行為背後的重複模式**。你得找出哪些模式使你更有效、有動能、充滿活力與希望感，哪些模式則容易使你變得憤怒、悲傷、自我懷疑或鞭笞。我年輕時很常出現憤怒的情緒，那時沒時間也沒意願學習，只知道埋頭苦幹，兵來將擋、水來土掩，有什麼就處理什麼，反正沒在怕的。但這種處理過程很耗損自己與他人的能量，也常使得本就不容易處理的狀態變得更加棘手。後來，經過學習，我開始懂得區分自己與自己、自己與他人、自己與環境的關係。我理解了我的憤怒其實是焦慮的外顯行為，我要處理的是如何面對並放下焦慮，而不是只著迷於列出處理事件的八步驟。執行的方法很簡單，就是透過紀錄去看見某件事發生過很多次，而每次發生都對自己造成了或大或小的壞影響；當自己需要花上一些時間與力氣才能整理好狀態，那就會是你需要看見並調整的模式。

二、使用模式的能力

除了要辨識模式裡的元素之外，還要能正確使用。例如，你玩過幾A幾B的猜數字遊戲嗎？每人先選一組四位數的號碼，對方盲猜，若數字與位置都正確，得一A；若數字正確、位置錯誤，得一B。有時，你在一開始就很幸運地得到四個B，但怎麼兜都組合不出正確數字，還是無法贏得比賽。就像在夏天，你穿上機能很好的冬衣，不只是衣服的機能無用武之地，自己也無法完善發揮。二〇二〇年新冠肺炎疫情爆發後，世界、組織、家庭、個人的方方面面都受到影響，很多事情都回不去了，有些公司裁撤辦公室，重新訂定工作方式，有些餐廳原本搞好幾年都搞不起來的數位轉型，幾週之間突然就火速成型了。我自己的授課內容也持續翻新，因應線上與實體課程而有不同的說明或體驗活動，開拓了以前沒特別開發的市場客源。所謂「借力使力不費力」，你可以選擇受限於模式，或是**從模式中看到可能性**，一念之差，就影響了你的思維、情緒與行為。

三、創造模式的能力

看得懂模式、學會運用某些對自己有利的模式後，接著，可以幫自己人生開外掛的，正是創造模式的能力。許多運動家、舞蹈家、音樂家或任何職人，都是在自己的領域中摸索、沉浸、鑽研，久了就產生出**自己的想法與做法，加以淬煉後，成為自己獨一無二的特色或訴求**，進而為自己創造出成就感與發展性。有些模式的創造不需那麼浩大費時，單純只是一個選擇或一個轉念後的持續行為，例如，我在上溝通課時，會要求學生進行一個練習，將所有的「yes but」（好的，但是……）改成「yes and」（好的，然後……）；儘管只差一個字，溝通對象的感受會差很多。當這個小動作成為習慣，自己的開放度與人際互動性，便會在無形之中變得更好。

透過「心智圖」的擴散性思考，推估發展路徑與可能結果

女兒很愛玩一個遊戲，叫做「心智圖」。遊戲步驟是先隨意選一個主題，兩人可以自在地啟動一條發想路徑，也可以接龍對方的發想，直到雙方都接不下去為止，遊戲結束。這個遊戲最有趣的地方是，最後產出的詞彙，會是一開始想都沒想過的。例如，以植物為題來發想，我們最後產出的結果是夜晚、寶貝、跑步、舒服、牛排、速度。沒想到吧！以夜晚與速度舉例，這兩條發想路徑是這樣的：

植物→荷花→粉紅→腮紅→化妝→卸妝→恐怖→鬼→白衣→夜晚

植物→綠色→大樹→鳥→自由→飛翔→速度

在工作中運用心智圖，將是非常好用的創業蒐集方式。一群人聚在一起，天馬行空地丟出主意，過程中充滿能量與創意的交流，常能激盪出許多火花。不過，我更常用來

預測事情的發展路徑，在能想到的範圍內，盡量為未來做預備。多年使用下來，有幾個心得可分享：

一、不批判

不要批判自己不知為何冒出來的想法，也不需要一開始就拘泥於現狀或有限的資源，就讓那個想法自在地長出一條線，順著線走下去，看看會聯想到什麼。

二、求深，至少五層

每個發想點都要發展出至少五個層次。發展出五個層次的方法，可以從5W2H（Why〔為什麼〕、What〔什麼〕、Where〔哪裡〕、When〔何時〕、Who〔誰〕、How〔如何〕、How much〔多少〕）的問句中去找靈感，光是重複問五次「為什麼」，就絕對能讓你看見不同深度的資訊。

三、求量，至少五個面向

這不是在寫標準作業流程，不必一開始就找出最佳解法。先盡量列出想法，發展路徑越多元越好，可以從人、事、時、地、物、數去思考，而且要確保正反元素都有所發展。我自己曾發現一件很有趣的事，有時正面元素最後會出現偏負面的結果，有時看起來相對負面的元素，最後竟然會為事件長出正向的影響。

四、求質，精煉出一至三個結論

心智圖是搜集資料的過程，重點是最後要有分析或總結，協助自己做出行為與決策的判斷。我個人的建議是不要超過三個小結，因為人能記住的資訊有限，超過三個的行動方案會比較難被完整記住。

若要預測走向，心智圖也是非常好的工具。透過求深、求量、求質的擴散性思考，預測每一種發展路徑最後可能創造的結果，等到決定了想要的結果後，再往回反推現在開始需要進行或鋪排的行動方案。

我很喜歡美國統計學家奈特．席佛（Nate Silver）說的：「我們永遠都不可能做出完全客觀的預測，預測永遠都會受到我們主觀看法的影響。」但是，我認為，若要更能掌握事情的走向，還是得不厭其煩地分析過去的模式，盡量從中找出可被利用的、有意義的數據與資訊，以推估未來的路徑。這種預測走向的能力，結合對事實的充分理解，以及判斷力的發揮，絕對不只是「直覺」或「感覺」那麼簡單。

別高估十年可以完成的事，卻低估一年可以逐步累積做到的事，不管你的敏感度是天生的，還是後天刻意養成的，只要你能很有意識地持續運用，熟能生巧之後，敏感度就能為你所用。

致謝

謝謝時報出版的夥伴：副總編輯陳家仁與編輯黃凱怡，他們的專業使出書過程順利且輕鬆。

感謝我的推薦者們，我何其有幸，與各位人物有過或大或小、或長或短的合作，互動過程的點點滴滴都豐厚了我的人生。

我的日子裡，有很多很多的貴人，他們以各種機緣與形式出現在我的生命裡，為我帶來一些刺激或美好。有時候覺得力氣已經用盡時，就會在轉彎處出現一個人，以一個眼神、一段對話、一種善意，支持我又能夠滿血前進。

而最大的感恩，想給我的女兒Ella，她是我人生最大的禮物與滿足，我的許多勇敢，都是因為有她。

BIG 418

敏感度領導：疏離世代工作者必備的決勝關鍵

作　者—賴婷婷
副總編輯—陳家仁
編　輯—黃凱怡
企　劃—洪晟庭
封面設計—江孟達
內頁設計—李宜芝

總 編 輯—胡金倫
董 事 長—趙政岷
出 版 者—時報文化出版企業股份有限公司
108019 台北市和平西路三段 240 號 4 樓
發行專線—(02)2306-6842
讀者服務專線—0800-231-705・(02)2304-7103
讀者服務傳真—(02)2304-6858
郵撥—19344724 時報文化出版公司
信箱—10899 臺北華江橋郵局第 99 信箱
時報悅讀網—http://www.readingtimes.com.tw
法律顧問—理律法律事務所 陳長文律師、李念祖律師
印　刷—勁達印刷有限公司
初版一刷—二〇二三年七月十四日
初版二刷—二〇二四年二月六日
定　價—新台幣三五〇元

敏感度領導 : 疏離世代工作者必備的決勝關鍵 / 賴婷婷作 . -- 初版 .
-- 臺北市 : 時報文化出版企業股份有限公司 , 2023.07
256 面 ; 14.8 x 21 公分 . -- (Big ; 418)

ISBN 978-626-353-968-6(平裝)

1. 領導者 2. 組織管理 3. 職場成功法

494.2　　112008600

ISBN 978-626-353-968-6
Printed in Taiwan